冯玉增　牛志达　叶春分　主编

桃
病虫草害诊治
生态图谱

Atlas of Diagnosis and Treatment for Disease Pest and Weed
Disease of Peach

U0364873

中国林业出版社
CF PH China Forestry Publishing House

编委会

主　　编：冯玉增　　牛志达　　叶春分
副 主 编：（以姓氏笔画为序）

王玉霞　　王春华　　王红旗　　李蓬勃　　吕志宏　　张彦会　　贾伟喜

图书在版编目（CIP）数据

桃病虫草害诊治生态图谱 / 冯玉增，牛志达，叶春分主编 . -- 北京：中国林业出版社，2019.8

ISBN 978-7-5219-0235-8

Ⅰ . ①桃⋯ Ⅱ . ①冯⋯ ②牛⋯ ③叶⋯ Ⅲ . ①桃 - 病虫害防治 - 图谱 Ⅳ . ① S436.621-64

中国版本图书馆 CIP 数据核字 (2019) 第 177656 号

策划编辑：何增明
责任编辑：张　华

──────────────────────────────

出版发行　中国林业出版社（100009　北京西城区德内大街刘海胡同 7 号）
　　　　　　电话：（010）83143566
发　　行　中国林业出版社
印　　刷　固安县京平诚乾印刷有限公司
版　　次　2019 年 9 月第 1 版
印　　次　2019 年 9 月第 1 次印刷
开　　本　880mm×1230mm　1/32
印　　张　9.25
字　　数　398 千字
定　　价　59.00 元

前 言 Preface

　　桃树在我国栽培范围较广，近年发展迅速，面积增大。由于各地自然条件不同、生态环境复杂多样，导致病虫草害种类繁多，危害严重，对桃树生产安全构成了直接威胁。由病虫草害引起的品质下降、产量降低以及市场损失更难以计量。防治失当，不合理的使用农药，还会造成果品农药残留超标与环境污染。随着我国人民生活水平的提高，加之我国农产品市场对国际市场的开放程度越来越广，出口量增加，对果品品质、质量安全要求也越来越高。

　　笔者长期从事果树病虫草害研究与防治技术的推广应用工作，在与果农的长期交往实践中，深知果农到底需要什么，渴望什么。

　　正确认识病虫草害、科学预防、合理用药、降低成本，是广大果农的迫切需求；吃上高品质的放心果品，减少农药残留影响，是广大消费者的迫切愿望。很多果农对果树病虫草害的诊断与防治技术还较落后，现在很多果树栽培类书，有关病虫草害多局限于文字描述，缺乏详实的生态图谱，即便是从事病虫草害研究和技术推广的专业技术人员，也很难通过阅读文字准确识别，而没有果树病虫草害专业知识的果农，就更不可能通过文字描述正确认识果树的病虫草害，从而进行正确的防治了。

　　为此，笔者早在 20 多年前就自费数千元，购买了当时较先进的数码相机，深入田间、果园拍照，与果农交朋友，收集他们的经验体会。为正确识别病虫草并拍摄生态图片，查阅了大量的果树专业技术文献，以图找病虫，由文字描述找病虫，对有些病虫草，请有关专家进行鉴定，或征询同行意见。为了找全找齐各个虫态的生态图，采用沙网袋套袋饲养、夜晚观察、特殊天气条件下观察、昆虫周年生活史观察等方法，争取拍摄出理想的各虫态生态图片。对于昆虫尽量拍摄到各虫态的生态图片，对于病害尽量拍摄到不同发病期、树体不同发病部位的生态图片，对于杂草尽量拍摄到从幼苗到成株的各个生长阶段的生态图片。经过多年辛苦和不懈努力，拍摄积累了我国北方十余种落叶果树、数万张果树病虫草害及天敌生态图片。希望通过自己的努力，编写出版一套图像清晰、色彩真实、病状全面、真正实用的果树病虫草害及无公害防治图谱，同时配以简单而贴切的症状文字描述、发生规律和防治方法，让果农一看就懂、一学就会，用药用工少，防治效益好。

本书旨在为果农做点事，为我国北方落叶果树生产做点事，为提高果品产量、改善品质、减少农药残留，为国民果品消费安全，建设生态文明，还绿水青山，尽自己的一份力。

本套丛书包括苹果、梨、石榴、桃、杏、李、柿、枣、核桃、板栗、樱桃、山楂等12个分册。每个树种1个分册，书中绝大部分照片为田间实拍，清晰度高，色彩逼真。同一种病害尽可能表现在植株不同部位、不同时期的典型症状；同一种害虫尽可能表现出不同虫态，同一虫态尽可能表现不同的龄期、不同的表现型以及害虫危害症状；同一种杂草尽可能表现出从幼苗到成熟期不同的生长龄期；同一种天敌，也尽量提供不同虫态的生态照片。在病虫草害防治方面，坚持"预防为主，综合防治"的农业植物保护方针，着重介绍最新研究推广的的成功经验、新药剂、新方法。

丛书邀请国内在该领域有丰富实践经验的专家共同编写完成。内容突破了以往农业科普读物中以语言文字介绍为主的局限性，更多的采用数码照片，形象生动、通俗易懂、内容科学简要、技术先进实用，使读者可以简明、快捷、准确地诊断病虫草害，适时、科学、正确、合理地开展防治。

全书的编写，也引用、借鉴了同行的部分内容，由于篇幅所限，不一一列出，在此一并感谢。

由于编著者水平所限，加之内容宽泛，书中难免有疏漏和不当之处，敬请同行专家、广大读者朋友批评指正。

冯玉增

2019 年 1 月

目 录 Contents

前言
生态图谱 / 1～136

第1章 桃病害诊断与防治 / 1

01 桃炭疽病 …………………… 2
02 桃实腐病 …………………… 2
03 桃果腐病 …………………… 3
04 桃软腐病 …………………… 4
05 桃溃疡病 …………………… 4
06 桃白粉病 …………………… 5
07 桃褐腐病 …………………… 5
08 桃疮痂病 …………………… 6
09 桃畸果病 …………………… 7
10 桃煤污病 …………………… 8
11 桃缩叶病 …………………… 8
12 桃真菌性穿孔病 …………… 9
13 桃细菌性穿孔病 …………… 9
14 桃叶斑病 …………………… 10
15 桃褐锈病 …………………… 11
16 桃花叶病 …………………… 11
17 桃红叶病 …………………… 11
18 桃腐烂病 …………………… 12
19 桃流胶病 …………………… 13
20 桃木腐病 …………………… 14
21 桃干枯病 …………………… 14
22 桃根癌病 …………………… 15
23 桃烂根病 …………………… 16
24 桃根结线虫病 ……………… 18
25 桃腐败病 …………………… 19
26 桃褐斑病 …………………… 19
27 桃裂果病 …………………… 20
28 桃膏药病 …………………… 20
29 桃黑星病 …………………… 21
30 桃缺铁症 …………………… 22

第2章 桃害虫诊断与防治 / 23

01 桃蛀螟 ……………………… 24
02 桃小食心虫 ………………… 24
03 桃虎象 ……………………… 26
04 桃仁蜂 ……………………… 27
05 李小食叶虫 ………………… 27
06 苹果蠹蛾 …………………… 28
07 枯叶夜蛾 …………………… 29
08 白星花金龟 ………………… 30
09 桃蚜 ………………………… 31
10 桃纵卷瘤头蚜 ……………… 32

11 桃粉蚜 …………………… 32
12 桃潜叶蛾 ………………… 33
13 桃斑蛾 …………………… 34
14 桃天蛾 …………………… 34
15 桃白条紫斑螟 …………… 35
16 桃剑纹夜蛾 ……………… 36
17 桑剑纹夜蛾 ……………… 37
18 梨剑纹夜蛾 ……………… 38
19 蓝目天蛾 ………………… 38
20 小绿叶蝉 ………………… 39
21 桃黄斑卷叶虫 …………… 40
22 芽白小卷蛾 ………………41
23 杏白带麦蛾 ……………… 42
24 梅毛虫 …………………… 42
25 大袋蛾 …………………… 43
26 茶蓑蛾 …………………… 44
27 黄刺蛾 …………………… 45
28 白眉刺蛾 ………………… 46
29 丽绿刺蛾 ………………… 47
30 褐边绿刺蛾 ……………… 48
31 扁刺蛾 …………………… 49
32 金毛虫 …………………… 49
33 茸毒蛾 …………………… 50
34 绿盲蝽 ……………………51
35 黄色卷蛾 ………………… 52
36 苹果小卷叶蛾 …………… 53
37 美国白蛾 ………………… 54
38 人纹污灯蛾 ……………… 54
39 山楂叶螨 ………………… 55

40 二斑叶螨 ………………… 56
41 李叶甲 …………………… 57
42 苹毛丽金龟 ……………… 58
43 黑绒金龟 ………………… 59
44 斑衣蜡蝉 ………………… 59
45 八点广翅蜡蝉 …………… 60
46 黑蝉 ………………………61
47 草履蚧 …………………… 62
48 桃介壳虫 ………………… 63
49 枣龟蜡蚧 ………………… 63
50 桃红颈天牛 ……………… 64
51 桃小蠹 …………………… 65
52 六星黑点蠹蛾 …………… 66
53 芳香木蠹蛾 ……………… 67
54 光肩星天牛 ……………… 68
55 海棠透翅蛾 ……………… 69
56 黑翅土白蚁 ……………… 70
57 金缘吉丁虫 ……………… 70
58 梨眼天牛 ………………… 71
59 瘤胸材小蠹 ……………… 73
60 康氏粉蚧 ………………… 74
61 梨圆蚧 …………………… 75
62 杏球坚蚧 ………………… 75
63 白小食心虫 ……………… 76
64 黄钩蛱蝶 ………………… 77
65 梨大食心虫 ……………… 78
66 梨小食心虫 ……………… 79
67 小青花金龟 ……………… 80
68 艳叶夜蛾 …………………81

69 嘴壶夜蛾 ·············· 82
70 斑须蝽 ·············· 82
71 大青叶蝉 ·············· 83
72 果剑纹夜蛾 ·············· 84
73 褐刺蛾 ·············· 85
74 梨蝽 ·············· 86
75 梨刺蛾 ·············· 87
76 梨叶蜂 ·············· 88
77 柳毒蛾 ·············· 89
78 苹掌舟蛾 ·············· 89
79 山楂绢粉蝶 ·············· 90

80 柿黄毒蛾 ·············· 91
81 舞毒蛾 ·············· 92
82 杨枯叶蛾 ·············· 93
83 枣尺蠖 ·············· 94
84 碧蛾蜡蝉 ·············· 95
85 褐点粉灯蛾 ·············· 96
86 角斑古毒蛾 ·············· 97
87 李短尾蚜 ·············· 98
88 李枯叶蛾 ·············· 99
89 双线盗毒蛾 ·············· 100
90 云斑鳃金龟 ·············· 101

第3章 果园主要杂草识别与防治 / 103

01 紫茎泽兰 ·············· 104
02 饭包草 ·············· 104
03 酢浆草 ·············· 105
04 花叶滇苦菜 ·············· 105
05 蟾蜍草 ·············· 106
06 金鸡菊 ·············· 106
07 牛繁缕 ·············· 107
08 打碗花 ·············· 107
09 离子草 ·············· 108
10 粘毛卷耳 ·············· 108
11 阴石蕨 ·············· 109
12 大野豌豆 ·············· 109
13 独行菜 ·············· 110
14 萹蓄 ·············· 110
15 雀麦 ·············· 111

16 铁杆蒿 ·············· 111
17 毒麦 ·············· 112
18 地锦 ·············· 113
19 窄叶野豌豆 ·············· 113
20 野老鹳草 ·············· 114
21 辣蓼草 ·············· 114
22 一年蓬 ·············· 115
23 小苜蓿 ·············· 116
24 野苜蓿 ·············· 116
25 钻叶紫菀 ·············· 117
26 扁杆藨草 ·············· 117
27 益母草 ·············· 118
28 节节麦 ·············· 119
29 长芒草 ·············· 119
30 狼把草 ·············· 120

31　牛膝菊 ·················120　　36　龙爪茅 ·················124

32　天葵 ···················121　　37　白羊草 ·················124

33　黄顶菊 ·················121　　38　马兰草 ·················125

34　山藿香 ·················123　　39　鸡眼草 ·················125

35　翻白草 ·················123　　40　赖草 ···················126

第 4 章　果园害虫主要天敌保护与识别利用　/　127

01　食虫瓢虫 ···············128　　08　螳螂 ···················132

02　草蛉 ···················128　　09　白僵菌 ·················133

03　寄生蜂、蝇类 ·········129　　10　苏云金杆菌 ···········133

04　捕食螨 ·················130　　11　核多角体病毒 ·········134

05　蜘蛛 ···················131　　12　食虫鸟类 ···············134

06　食蚜蝇 ·················131　　13　蟾蜍（癞蛤蟆）、青蛙

07　食虫椿象 ···············132　　　　·····················135

第 5 章　果园病虫草无公害综合防治　/　137

01　适宜果园使用的农药种类　　02　病虫害无害化综合防治

　　及其合理使用 ···········138　　　　·····················140

参考文献　/　147

生态图谱

1-1-1	1-1-2
1-2-1	
1-2-2	

图 1-1-1　桃炭疽病病果
图 1-1-2　桃炭疽病病叶
图 1-2-1　桃实腐病病果
图 1-2-2　蟠桃实腐病病果内部

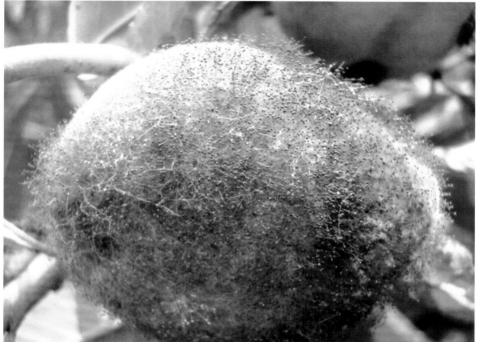

1-3-1	1-4-1
1-4-2	
1-5-1	

图 1-3-1　桃果腐病病果

图 1-4-1　桃软腐病病果

图 1-4-2　桃软腐病病果后期及孢子囊

图 1-5-1　桃溃疡病病果

3

1-6-1	
1-6-2	1-6-3
1-6-4	

图 1-6-1　桃白粉病病叶正面
图 1-6-2　桃白粉病病叶后期
图 1-6-3　桃白粉病病叶背面
图 1-6-4　桃白粉病病果

1-7-1	1-7-2
1-7-3	1-7-4
1-7-5	1-7-6

图 1-7-1　桃褐腐病花染病　　　　　图 1-7-4　桃褐腐病油桃果染病中期

图 1-7-2　桃褐腐病叶染病　　　　　图 1-7-5　桃褐腐病幼果染病

图 1-7-3　桃褐腐病油桃果染病初期　图 1-7-6　桃褐腐病果幼果染病后期

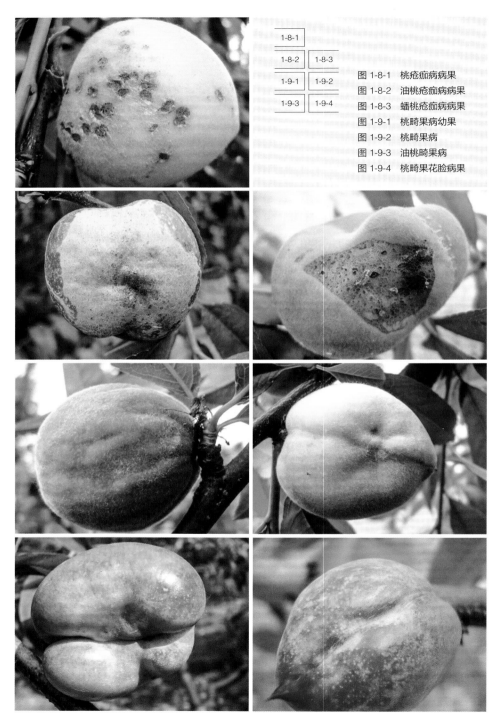

图 1-8-1 桃疮痂病病果

图 1-8-2 油桃疮痂病病果

图 1-8-3 蟠桃疮痂病病果

图 1-9-1 桃畸果病幼果

图 1-9-2 桃畸果病

图 1-9-3 油桃畸果病

图 1-9-4 桃畸果花脸病果

1-10-1	1-10-2
1-11-1	
	1-11-3
1-11-2	

图 1-10-1　桃煤污病病果 1　　图 1-11-1　桃缩叶病病叶 1
图 1-10-2　桃煤污病病果 2　　图 1-11-2　桃缩叶病病叶 2
　　　　　　　　　　　　　　　图 1-11-3　桃缩叶病病叶 3

1-12-1	1-12-2
1-12-3	1-12-4
1-13-1	1-13-2
1-13-3	

图 1-12-1　桃真菌性穿孔病前期
图 1-12-2　桃真菌性穿孔病中期
图 1-12-3　桃真菌性穿孔病后期
图 1-12-4　桃真菌性穿孔病病果
图 1-13-1　桃细菌性穿孔病病叶
图 1-13-2　桃细菌性穿孔病病枝
图 1-13-3　桃细菌性穿孔病病果

1-14-1	1-15-1
1-15-2	1-16-1
1-16-2	1-16-3

图 1-14-1　桃叶斑病　　　　图 1-16-1　桃花叶病叶前期
图 1-15-1　桃褐锈病叶背面　图 1-16-2　桃花叶病叶中期
图 1-15-2　桃褐锈病叶正面　图 1-16-3　桃花叶病叶后期

图 1-17-1　桃红叶病 1　　图 1-18-1　桃腐烂病干初期状
图 1-17-2　桃红叶病 2　　图 1-18-2　桃腐烂病干
图 1-17-3　桃红叶病 3　　图 1-18-3　桃腐烂病枝

图 1-19-1　桃非侵染性流胶病病干　　图 1-19-4　桃侵染性流胶病前期

图 1-19-2　桃非侵染性流胶病病果　　图 1-19-5　桃侵染性流胶病

图 1-19-3　桃非侵染性流胶病病枝　　图 1-19-6　桃侵染性流胶病病果

1-20-1		
1-20-3	1-20-2	
1-21-1	1-21-2	

图 1-20-1　桃木腐病病枝　　　　　　　　　图 1-21-1　桃干枯病病枝

图 1-20-2　桃木腐病病干　　　　　　　　　图 1-21-2　桃干枯病嫩枝

图 1-20-3　桃木腐病僵果上的木腐病菌

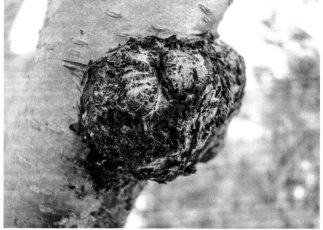

1-22-1

1-22-2

1-22-3

图 1-22-1　桃根癌病干基部癌瘤
图 1-22-2　桃根癌病干上癌瘤
图 1-22-3　桃根癌病根部癌瘤

图 1-23-1　桃烂根病白绢病部菌丝

图 1-23-2　桃烂根病白纹羽病部病菌

图 1-23-3　桃烂根病紫纹羽病根茎部土壤表面形成的菌丝膜

图 1-23-4　桃烂根病根朽根地上生长不良

图 1-23-5　桃烂根病根腐病根

图 1-24-1　桃根结线虫病

图 1-25-1　桃腐败病病果

图 1-25-2　桃腐败病果干缩树上成为僵果

图 1-26-1　桃褐斑病病叶背面

图 1-26-2　桃褐斑病病叶正面

1-27-1	1-27-2
1-27-3	1-27-4
1-28-1	1-28-2

图 1-27-1　桃裂果病病果　　　　　图 1-27-4　油桃裂果病病果
图 1-27-2　桃裂果病流胶　　　　　图 1-28-1　桃膏药病病斑 1
图 1-27-3　桃裂果病引致黑霉病　　图 1-28-2　桃膏药病病斑 2

1-29-1	1-29-2
1-29-3	
1-30-1	

图 1-29-1　桃黑星病病果初期
图 1-29-2　桃黑星病病果中期
图 1-29-3　桃黑星病病果后期
图 1-30-1　桃缺铁症叶症状

2-1-1	2-1-2
2-1-3	2-1-4
2-1-5	2-1-6

图 2-1-1　桃蛀螟成虫　　图 2-1-4　桃蛀螟幼虫

图 2-1-2　桃蛀螟茧　　　图 2-1-5　桃蛀螟幼虫危害桃果状

图 2-1-3　桃蛀螟蛹　　　图 2-1-6　桃蛀螟性诱剂诱杀桃蛀螟成虫

2-2-1	2-2-2	2-2-3
2-2-4		2-2-5
2-2-6		
2-2-7		2-2-8

图 2-2-1　桃小食心虫成虫　　　　图 2-2-6　桃小食心虫幼虫危害桃脱果孔

图 2-2-2　桃小食心虫卵　　　　　图 2-2-7　桃小食心虫冬茧（上）

图 2-2-3　桃小食心虫幼虫　　　　　　　　　和夏茧（下）

图 2-2-4　桃小食心虫咬破茧出土幼虫　图 2-2-8　桃小食心虫性诱芯（红）

图 2-2-5　桃小食心虫幼虫危害桃果　　　　　及诱集的雄蛾

2-3-1	
2-4-1	2-4-2
2-4-3	

图 2-3-1　桃虎象成虫
图 2-4-1　桃仁蜂成虫
图 2-4-2　桃仁蜂幼虫
图 2-4-3　桃仁蜂危害干僵果

2-5-1

2-5-2

2-5-3

图 2-5-1　李小食心虫成虫

图 2-5-2　李小食心虫卵

图 2-5-3　李小食心虫幼虫

2-6-1	2-6-2
2-6-3	2-6-4
2-6-5	2-6-6

图 2-6-1　苹果蠹蛾成虫
图 2-6-2　苹果蠹蛾产在叶上的卵
图 2-6-3　苹果蠹蛾卵
图 2-6-4　苹果蠹蛾幼虫（左）和蛹（右）
图 2-6-5　苹果蠹蛾幼虫头部
图 2-6-6　苹果蠹蛾蛹

2-7-1	2-7-2	
	2-7-3	
2-8-1	2-8-2	
	2-8-3	

图 2-7-1　枯叶夜蛾成虫
图 2-7-2　枯叶夜蛾幼虫
图 2-7-3　枯叶夜蛾蛹
图 2-8-1　白星花金龟成虫
图 2-8-2　白星花金龟幼虫（蛴螬）
图 2-8-3　白星花金龟成虫群害桃果

2-9-1 | 2-9-2
2-9-3
2-9-4

图 2-9-1　桃蚜无翅蚜
图 2-9-2　桃蚜有翅蚜
图 2-9-3　桃蚜危害桃梢
图 2-9-4　桃蚜危害桃梢致枯萎

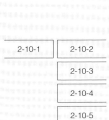

2-10-1	2-10-2
	2-10-3
	2-10-4
	2-10-5

图 2-10-1 桃纵卷瘤头蚜无翅胎生雌蚜
图 2-10-2 桃纵卷瘤头蚜无翅蚜
图 2-10-3 桃纵卷瘤头蚜有翅蚜和无翅蚜
图 2-10-4 桃纵卷瘤头蚜危害叶片状
图 2-10-5 桃纵卷瘤头蚜危害嫩梢状

2-11-1	2-11-2
2-11-3	

图 2-11-1　桃粉蚜若蚜和
　　　　　胎生雌蚜（黑色）
图 2-11-2　桃粉蚜危害桃枝
图 2-11-3　桃粉蚜危害嫩枝

2-12-1	
2-12-2	2-12-3
2-12-4	2-12-5

图 2-12-1　桃潜叶脉蛾成虫

图 2-12-2　桃潜叶蛾越冬型成虫

图 2-12-3　桃潜叶蛾茧

图 2-12-4　桃潜叶蛾幼虫潜叶危害状

图 2-12-5　桃潜叶蛾危害桃叶

2-13-1	2-13-2
2-13-3	2-13-4
2-14-1	2-14-2
	2-14-3

图 2-13-1　桃斑蛾成虫　　　图 2-14-1　桃天蛾成虫
图 2-13-2　桃斑蛾成虫交尾　图 2-14-2　桃天蛾成龄幼虫
图 2-13-3　桃斑蛾中龄幼虫　图 2-14-3　桃天蛾老龄幼虫
图 2-13-4　桃斑蛾成龄幼虫

2-15-1	2-16-1
2-16-2	
2-16-3	2-16-4
2-17-1	2-17-2
	2-17-3

图 2-15-1　桃白条紫斑螟幼虫　　　图 2-17-1　桑剑纹夜蛾成虫
图 2-16-1　桃剑纹夜蛾成虫　　　　图 2-17-2　桑剑纹夜蛾幼虫侧面观
图 2-16-2　桃剑纹夜蛾幼虫背面观　图 2-17-3　桑剑纹夜蛾幼虫背面观
图 2-16-3　桃剑纹夜蛾幼虫侧面观
图 2-16-4　桃剑纹夜蛾茧

2-18-1	2-18-2
2-18-3	2-18-4
2-19-1	2-19-2

图 2-18-1 梨剑纹夜蛾成虫　　　　图 2-18-4 梨剑纹夜蛾幼虫头部
图 2-18-2 梨剑纹夜蛾幼虫侧面观　图 2-19-1 蓝目天蛾成虫
图 2-18-3 梨剑纹夜蛾幼虫背面观　图 2-19-2 蓝目天蛾幼虫

2-20-1	
2-20-2	
2-20-3	2-20-4

图 2-20-1　小绿叶蝉成虫
图 2-20-2　小绿叶蝉若虫群害桃叶
图 2-20-3　小绿叶蝉危害桃叶状
图 2-20-4　小绿叶蝉危害桃重症叶

2-21-1	2-21-2
2-22-1	2-22-2
2-23-1	2-23-2

图 2-21-1　桃黄斑卷叶蛾成虫　　图 2-22-2　芽白小卷蛾幼虫
图 2-21-2　桃黄斑卷叶蛾幼虫　　图 2-23-1　杏白带麦蛾成虫
图 2-22-1　芽白小卷蛾成虫　　　图 2-23-2　杏白带麦蛾幼虫

2-24-1	2-24-2
2-24-3	2-24-4
2-24-5	2-24-6

图 2-24-1　梅毛虫成虫　　　　　　　图 2-24-4　梅毛虫幼虫群害

图 2-24-2　梅毛虫成虫正在产卵　　　图 2-24-5　梅毛虫茧

图 2-24-3　梅毛虫幼虫群害及网幕　　图 2-24-6　梅毛虫蛹

图 2-25-1　大袋蛾囊

图 2-25-2　大袋蛾幼虫

图 2-25-3　大袋蛾囊

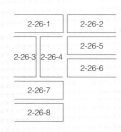

2-26-1		2-26-2
2-26-3	2-26-4	2-26-5
		2-26-6
2-26-7		
2-26-8		

图 2-26-1　茶蓑蛾雄成虫

图 2-26-2　茶蓑蛾雌成虫

图 2-26-3　茶蓑蛾雌雄成虫交尾

图 2-26-4　茶蓑蛾幼虫

图 2-26-5　茶蓑蛾蛹

图 2-26-6　茶蓑蛾雄成虫羽化蛹壳外露

图 2-26-7　茶蓑蛾囊

图 2-26-8　茶蓑蛾越冬囊

2-27-1	2-27-2
2-27-3	2-27-4
2-27-5	2-27-6

图 2-27-1　黄刺蛾成虫　　　图 2-27-4　黄刺蛾幼龄幼虫

图 2-27-2　黄刺蛾成虫交尾　图 2-27-5　黄刺蛾低龄幼虫群集害

图 2-27-3　黄刺蛾卵　　　　图 2-27-6　黄刺蛾中龄幼虫

图 2-27-7　黄刺蛾成龄幼虫

图 2-27-8　黄刺蛾老龄幼虫

图 2-27-9　黄刺蛾茧

图 2-27-10　黄刺蛾越冬茧

图 2-27-11　黄刺蛾蛹

图 2-27-12　黄刺蛾成虫羽化蛹壳外露

图 2-27-13　黄刺蛾茧被茧蜂寄生

2-28-1	2-28-2
2-28-3	2-28-4
2-28-5	2-28-6

图 2-28-1　白眉刺蛾成虫　　　　　图 2-28-4　白眉刺蛾老龄幼虫

图 2-28-2　白眉刺蛾低龄幼虫　　　图 2-28-5　上白眉刺蛾茧

图 2-28-3　白眉刺蛾中龄幼虫　　　图 2-28-6　白眉刺蛾越冬茧

2-29-1	2-29-2
2-29-3	2-29-4
2-29-5	2-29-6
2-29-7	2-29-8

图 2-29-1　丽绿刺蛾成虫
图 2-29-2　丽绿刺蛾成虫交尾
图 2-29-3　丽绿刺蛾初孵幼虫
图 2-29-4　丽绿刺蛾低龄幼虫群集及危害状

图 2-29-5　丽绿刺蛾幼虫
图 2-29-6　丽绿刺蛾茧
图 2-29-7　丽绿刺蛾越冬茧
图 2-29-8　丽绿刺蛾越冬羽化茧

2-30-1	2-30-2
2-30-3	
2-30-4	2-30-5

图 2-30-1　褐边绿刺蛾成虫
图 2-30-2　褐边绿刺蛾幼龄幼虫
图 2-30-3　褐边绿刺蛾幼虫
图 2-30-4　褐边绿刺蛾夏茧羽化
图 2-30-5　褐边绿刺蛾羽化冬茧

图 2-31-1　扁刺蛾成虫
图 2-31-2　扁刺蛾卵
图 2-31-3　扁刺蛾幼龄幼虫
图 2-31-4　扁刺蛾中龄幼虫
图 2-31-5　扁刺蛾大龄幼虫
图 2-31-6　扁刺蛾成龄幼虫
图 2-31-7　扁刺蛾茧

2-32-1	2-32-2
2-32-3	2-32-4
2-32-5	2-32-6

图 2-32-1　金毛虫成虫　　　　　图 2-32-4　金毛虫幼虫
图 2-32-2　金毛虫成虫腹末黄毛　图 2-32-5　金毛虫幼虫食害桃果
图 2-32-3　金毛虫卵块　　　　　图 2-32-6　金毛虫茧

2-33-1	2-33-2
2-33-3	2-33-4
2-33-5	2-33-6
2-33-7	2-33-8

图 2-33-1　茸毒蛾雌成虫　　　图 2-33-5　茸毒蛾大龄幼虫

图 2-33-2　茸毒蛾卵块　　　　图 2-33-6　茸毒蛾成龄幼虫

图 2-33-3　茸毒蛾低龄幼虫　　图 2-33-7　茸毒蛾老龄幼虫

图 2-33-4　茸毒蛾中龄幼虫　　图 2-33-8　茸毒蛾茧

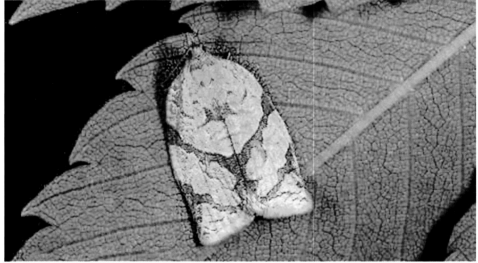

2-34-1	2-34-2
2-35-1	
2-35-2	2-35-3

图 2-34-1 绿盲蝽成虫

图 2-34-2 绿盲蝽若虫

图 2-35-1 黄色卷蛾成虫

图 2-35-2 黄色卷蛾幼虫

图 2-35-3 黄色卷蛾蛹

2-36-1	
2-36-2	2-36-3
2-36-4	2-36-5

图 2-36-1　苹果小卷叶蛾成虫
图 2-36-2　苹果小卷叶蛾卵
图 2-36-3　苹果小卷叶蛾幼虫
图 2-36-4　苹果小卷叶蛾蛹
图 2-36-5　苹果小卷叶蛾蛹壳

2-37-1	2-37-2
2-37-3	2-37-4
2-37-5	2-37-6
2-37-7	

图 2-37-1　美国白蛾成虫
图 2-37-2　美国白蛾成卵
图 2-37-3　美国白蛾低龄幼虫群害
图 2-37-4　美国白蛾危害吐丝结网
图 2-37-5　美国白蛾大龄幼虫群害
图 2-37-6　美国白蛾蛹
图 2-37-7　美国白蛾幼虫腹面

2-38-1	2-38-2
2-38-3	2-38-4
2-38-5	2-38-6

图 2-38-1　人纹污灯蛾成虫背面观　　图 2-38-4　人纹污灯蛾中龄幼虫

图 2-38-2　人纹污灯蛾成虫腹背红色　　图 2-38-5　人纹污灯蛾成龄幼虫

图 2-38-3　人纹污灯蛾卵　　图 2-38-6　人纹污灯蛾老龄幼虫

2-39-1	2-39-2
2-39-3	2-39-4
2-39-5	2-39-6
2-39-7	

图 2-39-1　山楂叶螨 1
图 2-39-2　山楂叶螨 2
图 2-39-3　山楂叶螨危害叶片
图 2-39-4　山楂叶螨危害桃梢
图 2-39-5　山楂叶螨危害桃树状
图 2-39-6　山楂叶螨害桃树落叶
图 2-39-7　山楂叶螨危害桃状及
　　　　　网幕

2-40-1	2-40-2
2-41-1	2-42-1
2-42-2	2-43-1
2-43-2	2-43-3

图 2-40-1　二斑叶螨
图 2-40-2　二斑叶螨危害状
图 2-41-1　李叶甲成虫
图 2-42-1　苹毛丽金龟成虫

图 2-42-2　苹毛丽金龟幼虫（蛴螬）
图 2-43-1　黑绒金龟成虫
图 2-43-2　黑绒金龟成虫交尾
图 2-43-3　黑绒金龟幼虫（蛴螬）

2-44-1	2-44-2
2-44-3	2-44-4
2-44-5	2-44-6
2-44-7

图 2-44-1　斑衣蜡蝉成虫
图 2-44-2　斑衣蜡蝉成虫群害
图 2-44-3　斑衣蜡蝉初羽成虫
图 2-44-4　斑衣蜡蝉成虫产卵
图 2-44-5　斑衣蜡蝉卵块
图 2-44-6　斑衣蜡蝉成虫产絮
　　　　　　于卵上
图 2-44-7　斑衣蜡蝉越冬卵块

2-44-8	2-44-9
2-44-10	2-44-11
2-44-12	2-44-13

图 2-44-8　斑衣蜡蝉正在孵化　　　　　　图 2-44-11　斑衣蜡蝉 3 龄前若虫

图 2-44-9　斑衣蜡蝉初孵若虫　　　　　　图 2-44-12　斑衣蜡蝉 3 龄若虫蜕皮

图 2-44-10　斑衣蜡蝉 3 龄前若虫群害　　　图 2-44-13　斑衣蜡蝉 4 龄若虫

2-45-1	
2-45-2	2-45-3
2-45-4	

图 2-45-1　八点广翅蜡蝉成虫
图 2-45-2　八点广翅蜡蝉产卵痕及卵
图 2-45-3　八点广翅蜡蝉若虫
图 2-45-4　八点广翅蜡蝉危害枝

2-46-1	2-46-2
2-46-3	2-46-4
2-46-5	2-46-6

图 2-46-1　黑蝉成虫　　图 2-46-4　黑蝉初羽成虫

图 2-46-2　黑蝉卵　　　图 2-46-5　黑蝉危害枝

图 2-46-3　黑蝉若虫　　图 2-46-6　黑蝉危害桃枝流胶

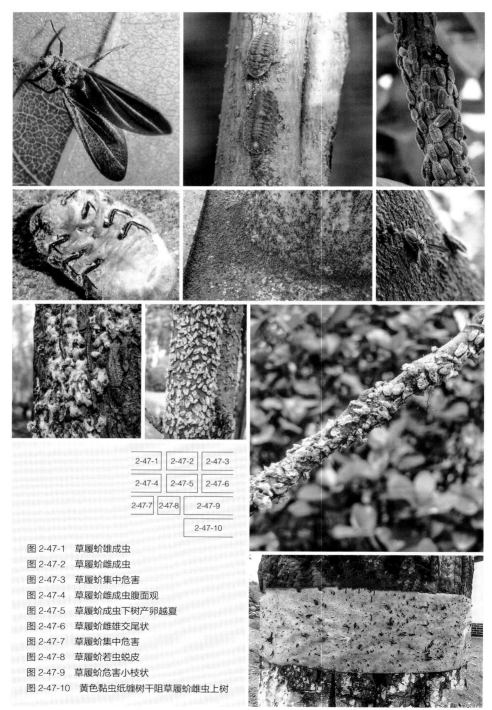

2-47-1	2-47-2	2-47-3
2-47-4	2-47-5	2-47-6
2-47-7	2-47-8	2-47-9
		2-47-10

图 2-47-1　草履蚧雄成虫

图 2-47-2　草履蚧雌成虫

图 2-47-3　草履蚧集中危害

图 2-47-4　草履蚧雌成虫腹面观

图 2-47-5　草履蚧成虫下树产卵越夏

图 2-47-6　草履蚧雌雄交尾状

图 2-47-7　草履蚧集中危害

图 2-47-8　草履蚧若虫蜕皮

图 2-47-9　草履蚧危害小枝状

图 2-47-10　黄色黏虫纸缠树干阻草履蚧雌虫上树

2-48-1	

2-48-2	2-48-3
2-48-4	2-48-5
2-48-6	

图 2-48-1　桃介壳虫雄蚧

图 2-48-2　桃介壳虫雌蚧

图 2-48-3　桃介壳虫危害桃干

图 2-48-4　桃介壳虫危害桃枝状

图 2-48-5　桃介壳虫危害桃嫩梢

图 2-48-6　桃介壳虫雄虫及天敌

　　　　　红点唇瓢虫幼虫(中)

| 2-49-1 | 2-49-2 |

| 2-49-3 |

| 2-49-4 |

| 2-49-5 |

图 2-49-1　枣龟蜡蚧雌蚧及卵
图 2-49-2　枣龟蜡蚧雌蚧危害枝干
图 2-49-3　枣龟蜡蚧雌蚧危害状
图 2-49-4　枣龟蜡蚧雄虫介壳
图 2-49-5　枣龟蜡蚧雄虫及危害状

2-50-1	2-50-2
2-50-3	2-50-4
2-50-5	
	2-50-6

图 2-50-1　桃红颈天牛成虫

图 2-50-2　桃红颈天牛成虫交尾

图 2-50-3　桃红颈天牛成虫危害状

图 2-50-4　桃红颈天牛幼虫

图 2-50-5　桃红颈天牛危害状

图 2-50-6　桃红颈天牛危害状

2-51-1	
2-51-2	2-51-3
2-51-4	2-51-5

图 2-51-1　桃小蠹成虫

图 2-51-2　桃小蠹成虫蛀害孔

图 2-51-3　桃小蠹成虫蛀害树干

图 2-51-4　桃小蠹危害干状

图 2-51-5　桃小蠹危害枝状

2-52-1	2-52-2
2-52-3	2-53-1
	2-53-2
	2-53-3

图 2-52-1　六星黑点蠹蛾成虫

图 2-52-2　六星黑点蠹蛾幼虫

图 2-52-3　六星黑点蠹蛾蛹

图 2-53-1　芳香木蠹蛾成虫

图 2-53-2　芳香木蠹蛾低龄幼虫（初孵幼虫粉红色）

图 2-53-3　芳香木蠹蛾幼虫危害状

图 2-54-1　光肩星天牛成虫
图 2-54-2　光肩星天牛幼虫
图 2-54-3　光肩星天牛危害
　　　　　　桃枝虫粪
图 2-54-4　光肩星天牛幼虫
　　　　　　危害状

2-54-1	2-54-2
2-54-3	2-54-4
2-55-1	2-55-2
2-55-3	

图 2-55-1　海棠透翅蛾成虫
图 2-55-2　海棠透翅蛾成虫
　　　　　　产卵刻巢
图 2-55-3　海棠透翅蛾幼虫

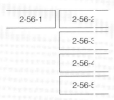

2-56-1	2-56-2
	2-56-3
	2-56-4
	2-56-5

图 2-56-1　黑翅土白蚁后
图 2-56-2　黑翅土白蚁有翅蚁
图 2-56-3　黑翅土白蚁幼蚁
图 2-56-4　黑翅土白蚁兵蚁
图 2-56-5　黑翅土白蚁工蚁

图 2-56-6　黑翅土白蚁有翅蚁、无翅蚁集中危害
图 2-56-7　黑翅土白蚁危害状（树干上泥套）
图 2-56-8　黑翅土白蚁树干危害状
图 2-56-9　黑翅土白蚁土中的蚁巢

2-57-1	2-57-2
2-57-3	2-58-1
2-58-2	2-58-3
	2-58-4

图 2-57-1　金缘吉丁虫成虫
图 2-57-2　金缘吉丁虫幼虫
图 2-57-3　金缘吉丁虫危害状
图 2-58-1　梨眼天牛成虫
图 2-58-2　梨眼天牛成虫产卵
　　　　　　"H"形痕
图 2-58-3　梨眼天牛幼虫
图 2-58-4　梨眼天牛蛀干孔

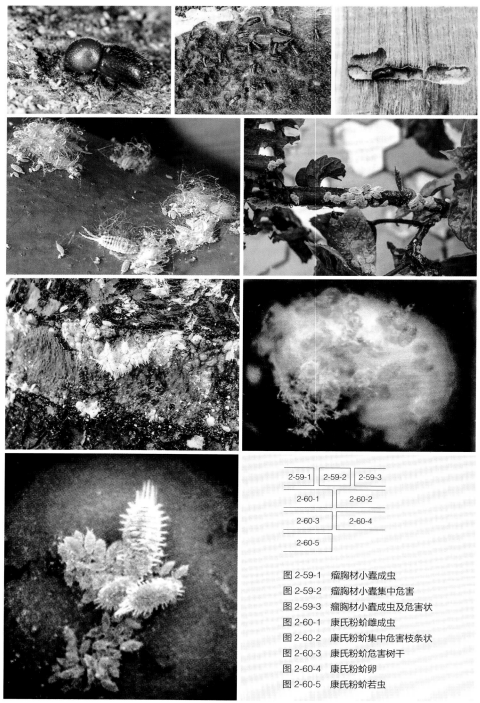

| 2-59-1 | 2-59-2 | 2-59-3 |

| 2-60-1 | 2-60-2 |

| 2-60-3 | 2-60-4 |

| 2-60-5 |

图 2-59-1　瘤胸材小蠹成虫
图 2-59-2　瘤胸材小蠹集中危害
图 2-59-3　瘤胸材小蠹成虫及危害状
图 2-60-1　康氏粉蚧雌成虫
图 2-60-2　康氏粉蚧集中危害枝条状
图 2-60-3　康氏粉蚧危害树干
图 2-60-4　康氏粉蚧卵
图 2-60-5　康氏粉蚧若虫

2-61-1

2-61-2

2-62-1   2-62-2

图 2-61-1　梨圆蚧
图 2-61-2　梨圆蚧危害枝干状
图 2-62-1　杏球坚蚧
图 2-62-2　杏球坚蚧若虫

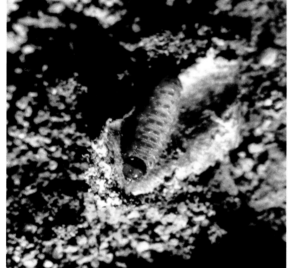
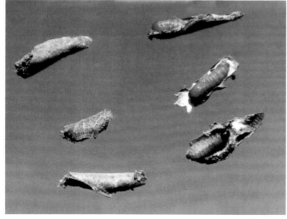

2-63-1	2-63-2
2-63-3	
2-63-4	

图 2-63-1　白小食心虫成虫
图 2-63-2　白小食心虫幼虫
图 2-63-3　白小食心虫越冬型幼虫
图 2-63-4　白小食心虫茧和幼虫

2-64-1	2-64-2
2-64-3	2-64-4
2-64-5	2-64-6

图 2-64-1　黄钩蛱蝶成虫　　　　　图 2-64-4　黄钩蛱蝶幼虫

图 2-64-2　黄钩蛱蝶成虫危害桃　　图 2-64-5　黄钩蛱蝶幼虫侧面观

图 2-64-3　黄钩蛱蝶前翅背面　　　图 2-64-6　黄钩蛱蝶茧蛹

2-65-1	2-65-2
2-66-1	2-66-2
2-66-3	2-66-4
2-66-5	

图 2-65-1　梨大食心虫成虫

图 2-65-2　梨大食心虫幼虫

图 2-66-1　梨小食心虫成虫

图 2-66-2　梨小食心虫幼虫

图 2-66-3　梨小食心虫幼虫
　　　　　危害桃果状

图 2-66-4　梨小食心虫幼虫
　　　　　危害桃嫩梢

图 2-66-5　梨小食心虫害桃
　　　　　梢冬天不落叶

2-67-1	
2-67-2	2-67-4
2-67-3	

图 2-67-1　小青花金龟成虫

图 2-67-2　小青花金龟成虫食害花

图 2-67-3　小青花金龟成虫羽化

图 2-67-4　小青花金龟幼虫（蛴螬）

2-68-1	
2-68-2	2-68-3
2-68-4	

图 2-68-1　艳叶夜蛾成虫

图 2-68-2　艳叶夜蛾幼虫

图 2-68-3　艳叶夜蛾老熟幼虫

图 2-68-4　艳叶夜蛾蛹

2-69-1

2-69-2

2-69-3 2-69-4

图 2-69-1　嘴壶夜蛾成虫
图 2-69-2　嘴壶夜蛾幼虫
图 2-69-3　嘴壶夜蛾幼虫腹面
图 2-69-4　嘴壶夜蛾蛹

```
        ┌──────────────────┐
        │      2-70-1      │
        └──────────────────┘
┌──────────┐ ┌──────────┐
│  2-70-2  │ │  2-70-3  │
└──────────┘ └──────────┘
┌──────────┐
│  2-70-4  │
└──────────┘
```

图 2-70-1　斑须蝽成虫
图 2-70-2　斑须蝽卵及初孵若虫
图 2-70-3　斑须蝽若虫大龄若虫
图 2-70-4　斑须蝽成龄若虫

2-71-1	2-71-2
2-71-3	2-71-4
2-72-1	2-72-2

图 2-71-1　大青叶蝉成虫产卵　　图 2-71-4　大青叶蝉若虫蜕皮

图 2-71-2　大青叶蝉卵　　　　　图 2-72-1　果剑纹夜蛾成虫

图 2-71-3　大青叶蝉若虫　　　　图 2-72-2　果剑纹夜蛾幼虫

2-73-1	2-73-2
2-73-3	2-73-4
2-73-5	2-73-6

图 2-73-1　褐刺蛾成虫　　　　　　图 2-73-4　褐刺蛾黄色型成龄幼虫

图 2-73-2　褐刺蛾低龄幼虫　　　　图 2-73-5　褐刺蛾夏茧

图 2-73-3　褐刺蛾红色型成龄幼虫　图 2-73-6　褐刺蛾越冬茧

图 2-74-1　梨蝽成虫　　　图 2-75-1　梨刺蛾成虫
图 2-74-2　梨蝽初羽成虫　图 2-75-2　梨刺蛾幼虫
图 2-74-3　梨蝽卵及初孵若虫

2-74-1	2-74-2
2-74-3	2-75-1
2-75-2	

2-76-1	2-76-2
2-77-1	2-77-2
2-77-3	2-77-4

图 2-76-1 梨叶蜂幼虫群集危害

图 2-76-2 梨叶蜂幼虫

图 2-77-1 柳毒蛾成虫

图 2-77-2 柳毒蛾成龄幼虫

图 2-77-3 柳毒蛾老龄幼虫

图 2-77-4 柳毒蛾蛹

图 2-78-1　苹掌舟蛾成虫

图 2-78-2　苹掌舟蛾卵

图 2-78-3　苹掌舟蛾低龄幼虫群集危害

图 2-78-4　苹掌舟蛾中龄幼虫群集危害

图 2-78-5　苹掌舟蛾幼虫

图 2-78-6　苹掌舟蛾蛹

2-78-1	2-78-2
2-78-3	2-78-4
2-78-5	2-78-6

2-79-1

2-79-2

图 2-79-1　山楂绢粉蝶成虫（左）、蛹（右）

图 2-79-2　山楂绢粉蝶幼虫

	2-80-2
2-80-1	2-80-3
2-80-4	2-80-5
2-80-6	

图 2-80-1　柿黄毒蛾成虫

图 2-80-2　柿黄毒蛾低龄幼虫群集危害

图 2-80-3　柿带黄毒蛾中龄幼虫

图 2-80-4　柿带黄毒蛾成龄幼虫

图 2-80-5　柿带黄毒蛾老龄幼虫

图 2-80-6　柿带黄毒蛾蛹

2-81-1	
2-81-2	2-81-3
2-81-4	2-81-5

图 2-81-1　舞毒蛾雄成虫
图 2-81-2　舞毒蛾成虫（上雌下雄）交尾
图 2-81-3　舞毒蛾卵块
图 2-81-4　舞毒蛾成龄幼虫
图 2-81-5　舞毒蛾老龄幼虫

	2-82-1
	2-82-2
2-82-3	2-82-4

图 2-82-1　杨枯夜蛾成虫
图 2-82-2　杨枯夜蛾成虫及蛹
图 2-82-3　杨枯叶蛾卵
图 2-82-4　杨枯夜蛾幼虫

2-83-1	
2-83-2	
2-83-3	2-83-4

图 2-83-1　枣尺蠖雄成虫
图 2-83-2　枣尺蠖雌成虫及卵
图 2-83-3　枣尺蠖幼虫 1
图 2-83-4　枣尺蠖幼虫 2

2-84-1	2-84-2
2-84-3	2-85-1
2-85-2	2-85-3

图 2-84-1　碧蛾蜡蝉成虫
图 2-84-2　碧蛾蜡蝉成虫正在产卵
图 2-84-3　碧蛾蜡蝉若虫

图 2-85-1　褐点粉灯蛾成虫
图 2-85-2　褐点粉灯蛾成龄幼虫
图 2-85-3　褐点粉灯蛾老龄幼虫

2-86-1	2-86-2
2-86-3	2-86-4
2-87-1	2-87-2

图 2-86-1　角斑古毒蛾雄成虫　　　　图 2-86-4　角斑古毒蛾蛹

图 2-86-2　角斑古毒蛾雌成虫及卵　　图 2-87-1　李短尾蚜

图 2-86-3　角斑古毒蛾幼虫　　　　　图 2-87-2　李短尾蚜危害状

2-88-1	
2-88-2	2-88-3
2-88-4	2-88-5

图 2-88-1　李枯叶蛾成虫
图 2-88-2　李枯叶蛾卵
图 2-88-3　李枯叶蛾幼虫
图 2-88-4　李枯叶蛾茧
图 2-88-5　李枯叶蛾蛹

2-89-1	2-89-2
2-90-1	
2-90-2	2-90-3

图 2-89-1　双线盗毒蛾成虫
图 2-89-2　双线盗毒蛾幼虫
图 2-90-1　云斑鳃金龟成虫
图 2-90-2　云斑鳃金龟成虫腹面观
图 2-90-3　云斑鳃金龟幼虫（蛴螬）

3-1-1	
3-1-2	3-1-3
3-1-4	3-1-5

图 3-1-1　紫茎泽兰 1
图 3-1-2　紫茎泽兰 2
图 3-1-3　紫茎泽兰 3
图 3-1-4　紫茎泽兰 4
图 3-1-5　紫茎泽兰 5

3-2-1
3-2-2
3-2-3

图 3-2-1　饭包草 1
图 3-2-2　饭包草 2
图 3-2-3　饭包草 3

3-3-1	3-3-2
3-3-3	3-3-4
3-3-5	

图 3-3-1　酢浆草 1
图 3-3-2　酢浆草 2
图 3-3-3　酢浆草 3
图 3-3-4　酢浆草 4
图 3-3-5　酢浆草 5

3-4-1	
3-4-2	
3-4-3	3-4-4

图 3-4-1　花叶滇苦菜 1
图 3-4-2　花叶滇苦菜 2
图 3-4-3　花叶滇苦菜 3
图 3-4-4　花叶滇苦菜 4

图 3-5-1　蟾蜍草 1
图 3-5-2　蟾蜍草 2
图 3-5-3　蟾蜍草 3

	3-6-1		
3-6-2		3-6-3	
3-6-4			

图 3-6-1　金鸡菊 1
图 3-6-2　金鸡菊 2
图 3-6-3　金鸡菊 3
图 3-6-4　金鸡菊 4

3-7-1 3-7-2
3-7-3
3-7-4

图 3-7-1　牛繁缕 1
图 3-7-2　牛繁缕 2
图 3-7-3　牛繁缕 3
图 3-7-4　牛繁缕 4

3-8-1	3-8-2
3-8-3	3-8-4
3-8-5	

图 3-8-1　打碗花 1　　图 3-8-4　打碗花 4

图 3-8-2　打碗花 2　　图 3-8-5　打碗花 5

图 3-8-3　打碗花 3

图 3-9-1　离子草
图 3-10-1　粘毛卷耳 1
图 3-10-2　粘毛卷耳 2
图 3-10-3　粘毛卷耳 3

3-11-1	3-11-2
3-12-1	3-12-2
3-12-3	3-12-4

图 3-11-1　阴石蕨 1　　图 3-12-1　大野豌豆 1

图 3-11-2　阴石蕨 2　　图 3-12-2　大野豌豆 2

图 3-12-3　大野豌豆 3

图 3-12-4　大野豌豆 4

3-13-1	3-13-2
3-13-3	3-14-1
3-14-2	3-14-3

图 3-13-1　独行菜 1　　图 3-14-1　萹蓄 1
图 3-13-2　独行菜 2　　图 3-14-2　萹蓄 2
图 3-13-3　独行菜 3　　图 3-14-3　萹蓄 3

3-15-1

3-15-3

3-15-4

3-15-5

3-15-2

图 3-15-1　雀麦 1
图 3-15-2　雀麦 2
图 3-15-3　雀麦 3
图 3-15-4　雀麦 4
图 3-15-5　雀麦 5

3-16-1	3-16-2
3-16-3	3-16-4
3-16-5	

图 3-16-1　铁杆蒿 1
图 3-16-2　铁杆蒿 2
图 3-16-3　铁杆蒿 3
图 3-16-4　铁杆蒿 4
图 3-16-5　铁杆蒿 5

3-17-1	3-17-2
	3-17-4
3-17-3	-----------
	3-17-5

图 3-17-1　毒麦 1
图 3-17-2　毒麦 2
图 3-17-3　毒麦 3
图 3-17-4　毒麦 4
图 3-17-5　毒麦 5

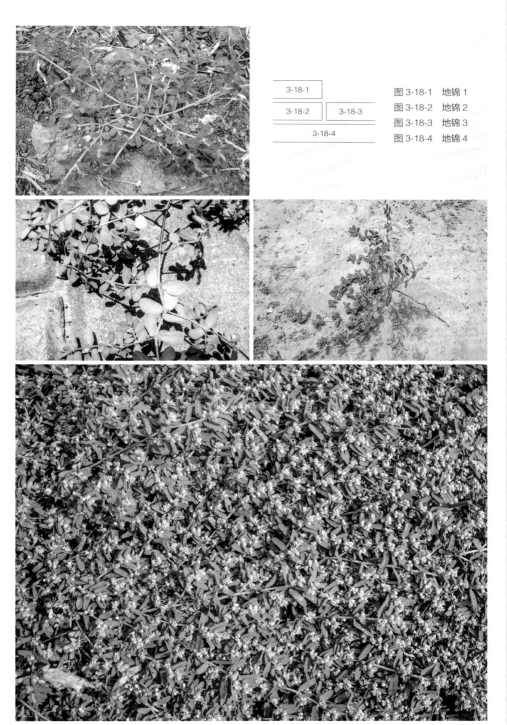

	3-18-1	
3-18-2		3-18-3
	3-18-4	

图 3-18-1　地锦 1
图 3-18-2　地锦 2
图 3-18-3　地锦 3
图 3-18-4　地锦 4

3-19-1	
3-19-2	3-19-3
3-19-4	3-19-5
3-19-6	3-19-7

图 3-19-1　窄叶野豌豆 1
图 3-19-2　窄叶野豌豆 2
图 3-19-3　窄叶野豌豆 3
图 3-19-4　窄叶野豌豆 4
图 3-19-5　窄叶野豌豆 5
图 3-19-6　窄叶野豌豆 6
图 3-19-7　窄叶野豌豆 7

图 3-20-1 野老鹳草 1
图 3-20-2 野老鹳草 2
图 3-20-3 野老鹳草 3
图 3-20-4 野老鹳草 4
图 3-20-5 野老鹳草 5
图 3-20-6 野老鹳草 6
图 3-20-7 野老鹳草 7

3-21-1	
3-21-2	3-21-3
3-21-4	

图 3-21-1 辣蓼 1
图 3-21-2 辣蓼 2
图 3-21-3 辣蓼 3
图 3-21-4 辣蓼 4

图 3-22-1　一年蓬 1
图 3-22-2　一年蓬 2
图 3-22-3　一年蓬 3
图 3-22-4　一年蓬 4

图 3-23-1　小苜蓿 1
图 3-23-2　小苜蓿 2
图 3-24-1　野苜蓿 1
图 3-24-2　野苜蓿 2
图 3-24-3　野苜蓿 3
图 3-24-4　野苜蓿 4

106

3-25-1 | 3-25-2
3-25-3 | 3-25-2
3-25-4

图 3-25-1　钻叶紫菀 1
图 3-25-2　钻叶紫菀 2
图 3-25-3　钻叶紫菀 3
图 3-25-4　钻叶紫菀 4

| 3-26-1 | 3-26-2 |

3-27-1

3-27-2

3-27-3

图 3-26-1　扁杆藨草 1
图 3-26-2　扁杆藨草 2
图 3-27-1　益母草 1
图 3-27-2　益母草 2
图 3-27-3　益母草 3

图 3-28-1　节节麦 1
图 3-28-2　节节麦 2
图 3-28-3　节节麦 3

图 3-29-1　长芒草 1
图 3-29-2　长芒草 2
图 3-29-3　长芒草 3

3-30-1	
3-30-2	
3-30-3	3-30-4

图 3-30-1　狼把草 1
图 3-30-2　狼把草 2
图 3-30-3　狼把草 3
图 3-30-4　狼把草 4

3-31-1

3-31-2 | 3-31-3

图 3-31-1　牛膝菊 1
图 3-31-2　牛膝菊 2
图 3-31-3　牛膝菊 3

图 3-32-1　天葵 1
图 3-32-2　天葵 2
图 3-32-3　天葵 3
图 3-32-4　天葵 4
图 3-32-5　天葵 5
图 3-32-6　天葵 6

图 3-33-1　黄顶菊 1
图 3-33-2　黄顶菊 2
图 3-33-3　黄顶菊 3
图 3-33-4　黄顶菊 4
图 3-33-5　黄顶菊 5
图 3-33-6　黄顶菊 6

3-34-1	3-34-2
3-34-3	
3-34-4	

图 3-34-1　山霍香 1
图 3-34-2　山霍香 2
图 3-34-3　山霍香 3
图 3-34-4　山霍香 4

3-35-1

3-35-2

3-35-3　3-35-4

图 3-35-1　翻白草 1
图 3-35-2　翻白草 2
图 3-35-3　翻白草 3
图 3-35-4　翻白草 4

3-36-1	3-36-2
3-36-3	3-36-4
3-37-1	3-37-2
3-37-3	

图 3-36-1　龙爪茅 1
图 3-36-2　龙爪茅 2
图 3-36-3　龙爪茅 3
图 3-36-4　龙爪茅 4
图 3-37-1　白羊草 1
图 3-37-2　白羊草 2
图 3-37-3　白羊草 3

3-38-1	3-38-2
3-38-3	3-38-4
3-38-5	

图 3-38-1　马兰草 1
图 3-38-2　马兰草 2
图 3-38-3　马兰草 3
图 3-38-4　马兰草 4
图 3-38-5　马兰草 5

| 2-39-1 |
| 2-39-2 |
| 2-39-3 |

图 3-39-1　鸡眼草 1
图 3-39-2　鸡眼草 2
图 3-39-3　鸡眼草 3

图 3-40-1 赖草 1
图 3-40-2 赖草 2
图 3-40-3 赖草 3
图 3-40-4 赖草 4
图 3-40-5 赖草 5

3-40-1	
3-40-2	3-40-3
3-40-4	3-40-5

	4-1-2	
4-1-1		
	4-1-3	
4-1-4	4-1-5	

图 4-1-1　七星瓢虫成虫

图 4-1-2　七星瓢虫幼虫

图 4-1-3　七星瓢虫食蚜

图 4-1-4　七星瓢虫成虫

图 4-1-5　大红瓢虫

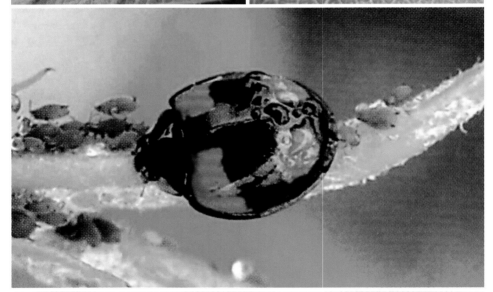

| 4-1-6 | 4-1-7 |
| 4-1-8 |

图 4-1-6　二星瓢虫

图 4-1-7　四星瓢虫成虫

图 4-1-8　四星瓢虫成虫捕食蚜虫

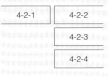

4-2-1	4-2-2
	4-2-3
	4-2-4

图 4-2-1 草青蛉成虫
图 4-2-2 草青蛉幼虫
图 4-2-3 草青蛉卵
图 4-2-4 草蛉幼虫捕食蚜虫

图 4-3-1 桃粉蚜被蚜茧蜂寄生变黑

图 4-3-2 茧蜂寄生栗六点天蛾幼虫

图 4-3-3 茧蜂寄生绿尾大蚕蛾幼虫

图 4-3-4 黄刺蛾茧被茧蜂寄生

4-3-5	4-3-6

4-3-7

4-3-8

图 4-3-5 　小茧蜂幼虫寄生鳞翅目幼虫
图 4-3-6 　上海青蜂成虫交尾状
图 4-3-7 　天敌姬蜂成虫
图 4-3-8 　金小蜂寄生柑橘凤蝶蛹羽化孔

4-4-1	4-5-1
4-5-2	4-5-3
	4-5-4

图 4-4-1　钝绥螨（上）捕食红蜘蛛
图 4-5-1　蜘蛛结网
图 4-5-2　绿蜘蛛
图 4-5-3　长腿蜘蛛
图 4-5-4　蜘蛛若虫

4-5-5	4-5-6
4-5-7	4-5-8

图 4-5-5　蜘蛛成蛛
图 4-5-6　蜘蛛猎杀食蚜蝇
图 4-5-7　绿蜘蛛捕食斑柿斑叶蝉成虫
图 4-5-8　蜘蛛

4-6-1

4-6-2

4-6-3

4-6-4

图 4-6-1　黑带食蚜蝇
图 4-6-2　羽芒宽盾食蚜蝇
图 4-6-3　食蚜蝇幼虫
图 4-6-4　黑带食蚜蝇幼虫捕食蚜虫

4-7-1

4-7-2

4-7-3

图 4-7-1　光肩猎蝽成虫
图 4-7-2　光肩猎蝽若虫
图 4-7-3　小花蝽若虫
　　　　　捕食红蜘蛛

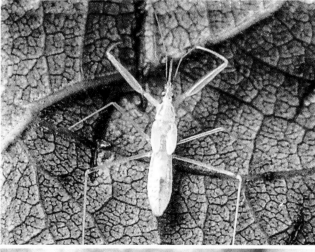

4-8-1

4-8-2

4-8-3

图 4-8-1　螳螂成虫
图 4-8-2　螳螂茧
图 4-8-3　螳螂捕食黑蝉

4-9-1	
4-9-2	
4-12-1	4-12-2

图 4-9-1　白僵菌致鳞翅目幼虫死亡状
图 4-9-2　寄生蝇寄生石榴茎窗蛾蛹
图 4-12-1　戴胜
图 4-12-2　喜鹊巢

图 4-12-3　大山雀
图 4-12-4　啄木鸟
图 4-12-5　灰喜鹊
图 4-13-1　青蛙
图 4-13-2　蟾蜍

5-1-1	5-1-2
5-2-1	

图 5-1-1　太阳能能源频振式杀虫灯

图 5-1-2　交流电源频振式杀虫灯

图 5-2-1　大棚内黄色黏虫板

	5-3-1		5-3-2		图 5-3-1 黏虫带阻尺蠖上树
		5-3-3			图 5-3-2 树干上黏虫带
					图 5-3-3 树干上缠普通塑料薄膜阻虫

5-4-1	5-5-1
	5-6-1
5-6-2	

图 5-4-1　涂捕虫圈

图 5-5-1　防虫网

图 5-6-1　盲蝽诱捕器

图 5-6-2　诱捕器

	5-7-1
	5-7-2
5-8-1	5-7-3

图 5-7-1　白色木浆纸袋
图 5-7-2　白色无纺布袋
图 5-7-3　双层纸袋
图 5-8-1　释放天敌寄生蜂

第 **1** 章

桃病害诊断与防治

01 桃炭疽病（图1-1-1，图1-1-2）

症状诊断 幼果被害后，果面呈暗褐色，发育受阻，萎缩硬化，多成僵果挂在树枝上；果实膨大期染病，病斑初期淡褐色，水浸状，病斑渐扩大并呈红褐色，圆形或椭圆形，并显著凹陷；天气潮湿时病斑上长出橘红色小粒点，为病菌的分生孢子盘及分生孢子；被害果除少数干缩残留于枝上外，绝大多数都在5月间脱落，这是桃果被害后引起落果最严重的一次；果实近成熟期发病，果面症状除与前述相同外，果面病斑显著凹陷，具有明显的同心环状皱缩，最后果实软腐，多数脱落。新梢被害后，出现暗褐色、略凹陷、长椭圆形病斑；天气潮湿时，病斑表面也可长出橘红色小粒点；病梢多向一侧弯曲，叶片萎蔫下垂纵卷成筒状，严重时病梢枯死。

病原 为半知菌类盘长孢状刺盘孢菌。主要危害果实、叶片和新梢。

发病规律 病菌主要以菌丝体在病梢组织、树上僵果中越冬。翌年早春产生分生孢子，分生孢子随风、雨、昆虫传播，侵害新梢和幼果，引起初侵染；以后在新生的病斑上产生分生孢子，引起再侵染；本病在整个生长期间都可侵染危害。多雨潮湿发病重，因此处于江、湖、河水网地带的果园发病重；果实发病期主要在果实迅速生长期，其次为采收前的膨大期；桃树开花期及幼果期低温多雨有利于发病；果实成熟期则以温暖多雨的高湿环境发病严重；在管理粗放、留枝过密、土壤黏重、地势低洼、排水不良、树势衰弱的果园发病也重。

防治方法

农业防治 加强果园管理，增施磷、钾肥，提高桃树的抗病力；冬春季结合修剪彻底清除树上的枯枝、僵果和地面落果，集中烧毁或深埋，以消灭越冬病菌，减少侵染来源；在桃芽萌动至开花前后要反复剪除陆续出现的病枯枝，并及时剪除以后出现的卷叶病梢及病果，集中烧毁，防止病部产生孢子再次侵染。

化学防治 芽萌动期全树均匀喷布1:1:100波尔多液或3～5波美度石硫合剂。谢花后从小桃脱萼开始，每隔10～14天喷一次杀菌剂，药剂可选用70%甲基硫菌灵可湿性粉剂700倍液或50%多菌灵可湿性粉剂600倍液、25%三唑酮可湿性粉剂1000～1500倍液、75%百菌清可湿性粉剂500倍液。

02 桃实腐病（图1-2-1，图1-2-2）

症状诊断 果实近成熟期及晚熟品种桃果易发病。病斑多发生在桃果的顶尖或缝合线处。初发病时，果面先出现褐色水渍状斑点，继后病斑扩大，果肉腐烂，直达果心。最后病斑失水干缩，但中央不皱缩，较周围隆起，似龟甲状。干缩的病斑于中央污白色，边缘灰黑色，其上密生小粒点，为病菌的分生孢子器。受潮时，分生孢子器上产生白色的孢子角。枝干染菌，造成枝干枯死或流胶。

病原　为半知菌类扁桃拟茎点霉菌，又名桃腐败病。主要危害果和枝。

发病规律　该病菌为弱寄生菌，侵染衰弱树的枝干。病菌以菌丝体、子座、分生孢子器、分生孢子在枯枝或落地僵果的病组织中越冬。桃果成熟期，枯枝或落地僵果产生的分生孢子随气流或雨水飞溅到果面上，侵染果实引起发病。病菌侵入果实的部位多在桃果缝合线开裂处。在郁闭、低洼湿度较大的果园发病较重。近成熟期阴雨天较多的年份常造成大量烂果。

防治方法

农业防治　合理修剪，保持树体枝条疏密有度，通风透光良好；适时施肥浇水，增施有机肥，增强树势，提高树体的抗病能力；冬春季彻底清除树上枯死枝和地面落果，减少越冬菌源。

化学防治　芽萌动期喷洒3~4波美度石硫合剂，注意干枝着药均匀，消灭枝上的越冬病菌。从桃果膨大期开始，每隔10~15天喷布一次50%多菌灵可湿性粉剂800倍液或50%腐霉利可湿性粉剂1000~1500倍液、70%甲基硫菌灵可湿性粉剂700倍液、50%异菌脲可湿性粉剂1500倍液。

03　桃果腐病（图1-3-1）

症状诊断　桃果在成熟期发病，造成果实大量腐烂。桃果发病初期，先在果面产生淡褐色小点，以后很快向外扩展，颜色加深，果肉软腐，直达果心。烂病斑多不凹陷，发病后期失水皱缩，上生许多小黑点，为病原菌的分生孢子器。潮湿时小黑点上产生白色的分生孢子角。枝干染病后导致枝干枯死或流胶。

病原　为半知菌类大茎点属病菌，又称桃轮纹病。主危害果和枝干。

发病规律　病原菌为弱寄生菌，侵染衰弱树的枝干。病菌以菌丝体、分生孢子器或子座在枝干的病组织内越冬。桃果近成熟期，枝干上不断产生的分生孢子，随气流或雨水飞溅到果面上，经裂纹、虫口或机械伤口侵入果实引起发病。果实成熟期阴雨潮湿的天气有利于病害的发生。

防治方法

农业防治　加强果园管理，增施有机肥和磷、钾肥，适时施肥浇水，以增强树势，使果实发育良好，减少裂果和病虫伤。合理修剪，保持果园通风透光良好；冬春季彻底清除树上的枯死枝和地面落果，减少越冬菌源。

化学防治　芽萌动期用3~4波美度石硫合剂喷布全树，消灭枝干上的越冬病菌。从桃果膨大期开始，每隔10~15天喷布一次50%多菌灵可湿性粉剂800倍液或50%异菌脲可湿性粉剂1500倍液、70%甲基硫菌灵可湿性粉剂700倍液、50%

腐霉利可湿性粉剂1000~1500倍液。

04 桃软腐病（图1-4-1，图1-4-2）

症状诊断 桃果成熟期或在贮运过程中桃果大量腐烂。桃果受害后发病迅速，病菌侵染果实后1~2天即可显现症状。病果褐色软腐，有酒味，表面长有浓密的白色菌丝层。菌丝较长，上面布满黑色的小粒点，此为病菌的分生孢子囊。

病原 为接合菌门匍枝根霉菌。主要危害果实。

发病规律 病菌存在普遍，为弱寄生菌，但它分解果胶的能力很强，破坏力极大，蔓延迅速。病菌的孢子由气流传播，通过伤口侵入成熟的果实。病健果接触也可直接传染。桃果成熟期遇雨或成熟后未及时采摘，常造成大量烂果。采摘后的果实装箱或运输中碰、撞、挤、压等损伤是贮运过程中招致病菌侵染，引起桃果腐烂的重要原因。

防治方法

农业防治 加强果园管理，增施有机肥和磷、钾肥，适时浇水，使果实发育良好，减少裂果和病虫损伤。成熟的果实要及时采摘销售。长途运输的果实成熟度应在八成熟时采摘装箱，最好低温贮运，并尽量减少机械损伤。

化学防治 在桃果近成熟时喷布一次50%腐霉利可湿性粉剂1000~1500倍液或50%多菌灵可湿性粉剂800倍液、50%异菌脲可湿性粉剂1500倍液、70%甲基硫菌灵可湿性粉剂700倍液，控制病害的发生。长距离运销的果实，在八成熟时采摘，并用山梨酸钾500~600倍液浸后装箱，可减少贮运期间的侵染。

05 桃溃疡病（图1-5-1）

症状诊断 桃果染病初期，果面上形成圆形小病斑，病斑稍凹陷，外围浅褐色，中央灰白色，以后病斑迅速扩展，凹陷加深。在潮湿条件下，病斑上产生灰白色霉层，此为病菌的分生孢子梗和分生孢子。后期病斑失水，其下的果肉质地绵软，污白色，似朽木。新梢受害，形成暗褐色溃疡斑。叶片受害，病斑近圆形，灰褐色。

病原 为半知菌类帚梗柱孢霉菌。主要危害果实、叶片、新梢。

发病规律 病斑上白色的霉丛为病菌的分生孢子梗和分生孢子。帚梗柱孢霉是一种兼性寄生菌，既可寄生，又可腐生。病菌以菌丝体或微菌核在树上的溃疡枝、地面的落叶和烂果上或土壤中越冬，翌年产生分生孢子。分生孢子随风雨传播，侵染果实、新梢和叶片。果实常在近成熟期发病。果面伤口有利于病菌侵入。地势低洼、通风透光差、树下地面阴湿的桃园，近成熟期阴雨天较多的年份发病重；内膛枝及近地面枝上的果易感病。

防治方法

农业防治 合理修剪，疏除过密枝、近地面枝等，改善果园通风透光条件，使果园保持良好的温、湿、光条件。及时清扫地面落叶、僵果，集中烧毁或深埋，以消灭菌源。

化学防治 春季芽萌动前，用3~4波美度石硫合剂喷布树体，消灭越冬菌源；从桃果硬核期开始，每隔10~14天喷一次50%异菌脲可湿性粉剂1500倍液或50%腐霉利可湿性粉剂1500倍液、75%百菌清可湿性粉剂600倍液。

06 桃白粉病（图1-6-1至图1-6-4）

症状诊断 叶片症状出现在9月以后。叶背面现白色圆形菌丛，表面具黄褐色轮廓不清的斑纹，严重时菌丛覆满整个叶片；幼叶染病，叶面不平；秋末菌丛中出现黑色小粒点，即病菌闭囊壳。果实染病症状出现在5月，果面上生有直径1~2厘米粉状菌丛，扩大后可占果面1/3~1/2。果表变褐凹陷硬化。

病原 有2种：一种为三指叉丝单囊壳菌，另一种为毡毛单囊壳菌，均为子囊菌门真菌。危害叶片和果实。

发病规律 三指叉丝单囊壳菌于10月后产生子囊壳越冬，翌年条件适宜时产生子囊孢子进行初侵染。毡毛单囊壳菌以菌丝在最里边的芽鳞片表面越冬，翌年产生分生孢子进行初侵染和多次再侵染。分生孢子萌发适温21~27℃。

防治方法

农业防治 秋季落叶后及时清除落叶，高温堆沤或深埋，以减少菌源。

化学防治 春季发芽前喷一次5波美度石硫合剂，花芽膨大期喷0.3波美度石硫合剂。幼果膨大期喷洒72%农用硫酸链霉素3000倍液、40%腈菌唑可湿性粉剂500倍液、2%农抗120水剂500倍液、50%春雷霉素·王铜可湿性粉剂600倍液、15%三唑酮可湿性粉剂1500倍液等，连用2~3次。中华寿桃对三唑酮敏感，易产生药害，不宜使用。

07 桃褐腐病（图1-7-1至图1-7-6）

症状诊断 花部受害，常自雄蕊及花瓣尖端开始，发生褐色水浸状斑点，逐渐蔓延至全花，渐变褐枯萎，天气潮湿时，病花迅速腐烂，表面丛生灰霉；若天气干燥时病花则萎蔫干枯，残留于枝上长久不脱落。嫩叶受害，自叶缘开始变褐，病叶萎垂，如同霜害残留在枝上。果枝和新梢发病，常形成溃疡斑，溃疡斑长圆形，稍凹陷，中央灰褐色，边缘紫褐色，常发生流胶，当溃疡斑扩展至环绕枝条一周时，病斑上部枝条枯死，天气潮湿时，溃疡斑上也可长出灰色霉层。果实自幼果至成熟期都可受害，但以果实接近成熟期受害严重，被害果实在果面上产生褐色圆形病斑，并可扩及全果，果肉变褐软腐，病斑表面生出灰褐色绒状霉层，病果腐烂后易脱落，也有干缩成僵果悬挂树上至第二年也不脱落的。

病原 为子囊菌门链核盘菌。又名桃菌核病。主要危害果、花、叶、枝梢。

发病规律 病部长出的霉丛为病菌的分生孢子梗和分生孢子。病菌以菌丝体在僵果或枝梢的溃疡部越冬，翌年春季产生分生孢子，借风、雨、昆虫传播，引起初侵染。经伤口、果皮气孔侵入果实，也可直接从柱头、蜜腺侵入花器造成花腐，再蔓延到新梢。桃树开花期间低温多雨、湿度大时容易引起花腐，果实近成熟期温暖多雨则易引起果腐。树势衰弱、地势低洼或树叶过于茂密、通风透光较差的果园发病较重。在多雨潮湿的年份常流行成灾，引起大量烂果。

防治方法

农业防治 合理冬剪，适时夏剪，改善园内通风透光条件。雨季及时排除果园内积水，保持园内通风透光良好。生长季节随时清理、冬春季彻底清理树上树下僵果、落叶，集中烧毁或深埋，消灭菌源。

化学防治 桃树发芽前，全树均匀喷布一次4~5波美度石硫合剂或1:1:100波尔多液，消灭树体上越冬的病菌。从幼桃脱萼开始，每隔10~14天喷布一次65%代森锌可湿性粉剂500倍液或75%百菌清可湿性粉剂500~600倍液、50%多菌灵可湿性粉剂600倍液、70%代森锰锌可湿性粉剂700倍液、70%甲基硫菌灵可湿性粉剂600~800倍液、50%异菌脲可湿性粉剂1500倍液。

08 桃疮痂病（图1-8-1至图1-8-3）

症状诊断 果实感病部位多在肩部。病斑初期为暗褐色圆形小点，后期变为黑色痣状斑点，直径2~3毫米，受害果面斑点点点，使桃果降低商品价值，发病严重时病斑常聚合成片。病菌扩展仅限于表皮浅层组织，当病部组织枯死后，果实仍可继续生长，病果因此常发生龟裂。果梗后部受害，果实常早期脱落。新梢被害后，病斑椭圆形隆起，浅褐至暗褐色，大小为3毫米×6毫米，受害部位常发生流胶，病健组织界限明显，第二年春季，病斑上可产生暗色小绒点状的分生孢子丛。叶片被害，在叶背出现不规则形或多角形暗紫红色病斑，并形成穿孔，发病严重时引起落叶。

病原 为半知菌类嗜果枝孢菌。又名桃黑星病。主要危害果实、叶片和新梢。

发病规律 病部霉丛为病菌的分生孢子梗和分生孢子。病菌以菌丝体在枝梢的病部越冬，翌年4~5月产生分生孢子，借风雨传播。幼果面茸毛稠密，病菌不易侵染。一般花瓣脱落6周后桃果始被侵染。北方桃区果实发病一般从6月开始，7~8月最重；南方桃区5~6月发病最重。早熟品种果实发病较轻，晚熟品种果实发病较重。当年生的枝条被侵染后，夏末才显现症状，秋季产生孢子，是翌年春季初次侵染的主要来源。多雨潮湿、地势低洼、枝条郁闭的果园发病重。

防治方法

农业防治　适时疏枝修剪，使果园通风透光良好，以降低果园湿度，减轻病害的发生。对大型果品种，在生理落果后，进行疏果和定果，然后套袋，既防病又可提高桃果的外观品质。

化学防治　春季发芽前全树均匀喷布3～5波美度石硫合剂或五氯酚钠200倍液，消灭越冬病菌。谢花后从幼桃脱萼开始，每隔10～14天喷一次杀菌剂，直到采收，对于早熟品种，果实采收后仍需要继续喷药，以保护叶片和枝梢，减少翌年的越冬菌源，但喷药间隔期可适当拉长。可选用65%代森锌可湿性粉剂500倍液或75%百菌清可湿性粉剂500～600倍液、50%多菌灵可湿性粉剂600倍液、70%甲基硫菌灵可湿性粉剂700倍液、70%代森锰锌可湿性粉剂700倍液、25%腈菌唑乳油2000～3000倍液喷雾。

09　桃畸果病（图1-9-1至图1-9-4）

症状诊断　桃畸果病系指外观发育不正常的果实，如疙瘩果、花脸果等，影响外观和商品价值。

病因　有生理原因、非生理原因和虫害三种。一种是非生理原因引致花脸型，如细菌性穿孔病致果实生褐色小圆斑、凹陷，干燥条件下可生裂纹、花脸；霉斑穿孔病病果现紫色凹陷斑，形成麻脸；桃缩叶病引致幼果发生黄或红色隆起斑，随果实增大发生龟裂或呈麻脸状；桃黑星病危害果实，致果面现暗绿色圆形小斑点，后扩大致果面粗糙，病果龟裂。二是病虫危害引起疙瘩果，如茶翅蝽、下心瘿螨等危害后致果面凹凸不平呈疙瘩状，近成熟果实受害果面现凹坑，果肉木栓化或变松。三是生理原因引致裂果，主要是水分供应不均或久旱遇大暴雨，致干湿变化过大引起，尤其是大型果易裂。

防治方法

防治非生理病害引致的畸果　对因菌类引起的裂果，在雨季及果实发病初期喷洒0.5:1:100倍式波尔多液或70%代森锰锌可湿性粉剂600倍液、80%多菌灵可湿性粉剂1000倍液；对黑星病引起的畸形果，可于初花期、盛花期各喷一次24%唑菌腈胶悬剂3000倍液。

防治害虫危害引起的疙瘩果　查清害虫种类，及时防治。

防治生理原因造成的裂果　加强肥水分管理，合理修剪，保持果园通风透光良好，及时灌排水，保持土壤湿度供求平衡。或在花前、花后和幼果期各喷一次0.3%～0.5%的硼砂溶液。

10 桃煤污病（图1-10-1，图1-10-2）

症状诊断　叶片染病，叶面初呈污褐色圆形或不规则形霉点，后形成煤烟状物，可布满叶、枝及果面，严重时几乎看不见绿色叶片及鲜美果实，到处布满黑色霉层，影响光合作用，致桃树提早落叶。

病原　引致煤污的病原菌有多种，主要有出芽短梗霉、多主枝孢、大孢枝孢，均为半知菌类真菌。主要危害叶片，也危害果实和嫩枝梢。

发病规律　煤污菌以菌丝和分生孢子在病叶上或在土壤内及植物残体上越过休眠期，翌春产生分生孢子，借风雨及蚜虫、介壳虫、粉虱等传播蔓延，蚜虫、介壳虫、粉虱等危害重、郁闭严重、桃园湿度大或梅雨季节易发病。

防治方法

农业防治　改变桃园小气候，保证通风透光良好，雨后及时排水，防止湿气滞留。

防虫治病　及时防治蚜虫、粉虱及介壳虫。

化学防治　于点片发生阶段，及时喷洒40%克菌丹可湿性粉剂400倍液或40%敌菌丹可湿性粉剂500倍液、40%多菌灵胶悬剂600倍液、50%乙霉威可湿性粉剂1000倍液、65%硫菌·霉威可湿性粉剂1500倍液，隔15天左右一次，视病情防治1~2次。

11 桃缩叶病（图1-11-1至图1-11-3）

症状诊断　春季嫩叶刚从芽鳞抽出时即显现症状，发病初期叶卷曲，颜色发红，随着病叶的生长，叶片卷曲皱缩加剧，并增厚变脆，呈红褐色；春末夏初在病叶表面生出一层银白色的粉状物，为病菌的子囊层；最后，病叶变褐、焦枯、脱落；叶片脱落后，腋芽常萌发抽出新叶，新叶不再受害。嫩梢受害，病梢呈灰绿色或黄色，较正常的枝条节间短而略为粗肿；病梢叶片丛生，严重受害的嫩梢常枯死。花瓣受害后变肥变长。果实受害后畸形，果面龟裂，受害花、果易脱落。

病原　为子囊菌门畸形外囊菌。主要危害叶片，也可危害嫩梢、花及幼果。

发病规律　病菌有性阶段形成子囊及子囊孢子，子囊孢子生于叶片的表皮下，可产生薄壁与厚壁两种类型的芽孢子。薄壁芽孢子可再行芽殖，而厚壁芽孢子能抵抗不良环境并越冬、越夏。病菌以厚壁孢子在桃芽鳞片上或枝干树皮的缝隙内越冬。第二年春季桃树萌芽时，芽孢子萌发，从叶片表皮或气孔侵入嫩叶，造成初侵染。初夏，病菌在病叶上形成子囊层，产生子囊孢子和芽孢子，如条件适宜可继续芽殖，而在夏季高温时，厚壁孢子则在芽鳞内越夏，乃至越冬。

早春桃芽萌动时如气温较低（10~16℃），持续时间长、湿度大，病害发生较重；温度在21℃以上时，病害则停止发展。早春低温多雨的地区或年份，该病发病重，早春湿暖干旱则发病较轻。病害一般从4月上旬开始发生，4月下旬至5月上旬为发病盛期，6月气温升高后，发病逐渐停止。该病以沿海和滨湖地区发病较重。

防治方法

农业防治　加强果园管理，增强树势，提高抗病能力。在病叶初见但未形成白粉状物之前及时摘除病叶，集中烧毁或深埋，以切断传染源；对于发病重、叶片焦枯和脱落的树，及时处理病叶后，应补施肥料和浇水，促使树势尽快恢复。

化学防治　在花芽萌动至花瓣露红期，用2~3波美度石硫合剂或1:1:100波尔多液树体喷雾，消灭初侵染病源，防治效果良好。从谢花后开始，每间隔10天喷布一次70%甲基硫菌灵可湿性粉剂700倍液或50%多菌灵可湿性粉剂600倍液、70%代森猛锌可湿性粉剂500~600倍液。

12　桃真菌性穿孔病（图1-12-1至图1-12-4）

症状诊断　叶片染病，叶面出现近圆形或不规则形、紫色至褐色病斑，直径2~6毫米，湿度大时，在叶背长出黑色霉状物即病菌子实体，病叶脱落后才在叶上残存穿孔。花、果实染病，病斑小而圆，紫色，凸起后变粗糙；花梗染病，未开花即干枯脱落。新梢发病时，出现暗褐色，具红色边缘的病斑，表面有流胶。较老的枝条，形成球形瘤状物，占枝条四周面积1／4~3／4。

病原　病原菌有多种：嗜果刀孢菌、核果尾孢霉均属半知菌类真菌。主要危害叶片、花果和枝梢。

发病规律　两种病菌均以菌丝体在病叶或枝梢病组织内越冬，翌春气温回升，降雨后产生分生孢子，借风雨传播，侵染叶片、新梢和果实。以后病部产生的分生孢子进行再侵染。病菌发育温度7~37℃，适温25~28℃。低温多雨利于病害发生和流行。

防治方法

农业防治　加强桃园管理，科学修剪，增施有机肥，合理灌水，保证果园通风透光良好。

化学防治　落花后，喷洒70%代森锰锌可湿性粉剂500倍液或75%百菌清可湿性粉剂700~800倍液、70%甲基硫菌灵可湿性粉剂1000倍液。每10~15天一次。

13　桃细菌性穿孔病（图1-13-1至图1-13-3）

症状诊断　①叶片。病斑为圆形、多角形或不规则形的紫褐色至黑褐色斑点，直径约2毫米，病斑周围呈水渍状并有黄绿晕环，病斑容易干枯脱落形成穿孔，病斑多发生在叶脉两侧和边缘附近，有时数斑融合形成一块大斑。在多雨地区，常引起落叶。②果实。果面上发生紫色凹陷小圆斑，周缘水渍状；天气潮湿时，病斑上常出现黄白色黏质分泌物，干枯时往往发生裂纹。③枝条。春季新叶出现时，在上年抽生的枝条上开始发病，可形成长达1~10厘米、宽度不超过枝条直径的一半的溃疡病斑，有时可造成梢枯现象。夏末多在当年生嫩枝上发病，形成圆形或椭圆形稍凹陷、褐色至紫黑色的溃疡病斑。

病原 为黄单胞杆菌属甘蓝黑腐黄单胞菌。主要危害叶片，也危害果实和新梢。

发病规律 病原菌在枝条皮层组织内越冬，发育最适温度为24~28℃，最高37℃。翌春随气温回升细菌开始活动，形成春季溃疡病斑，成为主要初侵染源。桃树开花后，病菌从病组织中溢出，借风和昆虫传播，经叶片的气孔和枝条及果实的芽痕或皮孔侵入，发生再侵染，叶、果一般于5月间发病，夏季干旱时病势进展缓慢，至秋季又发生后期侵染。本病发生与气候、树势、管理及品种有关。

防治方法

农业防治 选用抗病品种；加强桃园管理，增施有机肥，避免偏施氮肥；科学修剪，合理灌水，使桃园通风透光，以增强树势，提高树体抗病力；冬春清除园内枯枝落叶，集中烧毁或深埋，消灭越冬菌源。

化学防治 早春发芽前喷洒4~5波美度石硫合剂或45%晶体石硫合剂30倍液或1:1:100倍式波尔多液、30%碱式硫酸铜胶悬剂400~500倍液。发芽后喷洒5%菌毒清水剂200~300倍液或72%农用链霉素可湿性粉剂3000倍液、硫酸链霉素4000倍液。

⑭ 桃叶斑病（图1-14-1）

症状诊断 叶上产生圆形或近圆形病斑，茶褐色，边缘红褐色，秋末病斑处出现黑色小粒点，8~9月病斑脱落形成孔。

病原 有两种，即半知菌类桃叶点霉菌和核果穿孔叶点霉菌，又名褐斑病。主要危害叶片。

发病规律 前者分生孢子器生在寄主表皮下，后者分生孢子器散生，两种病菌均以菌丝体和分生孢子器在落叶上越冬，翌春产生分生孢子，借风雨传播进行初侵染和再侵染。秋季发病较多，降雨多或秋雨连绵时发病重。

防治方法

农业防治 加强果园管理，增强树势，可减少发病；冬春季清除园内落叶，消灭越冬菌源。

化学防治　发病初期喷洒50%百·福可湿性粉剂600～800倍液或78%代森锰锌·波尔多液可湿性粉剂500倍液、75%百菌清可湿性粉剂600倍液。

15　桃褐锈病（图1-15-1，图1-15-2）

症状诊断　叶面染病产生红黄色圆形或近圆形病斑，边缘不清晰；背面染病产生稍隆起的褐色圆形小疱疹状斑。重者叶片枯黄脱落。

病原　为担子菌门刺梨疣双胞锈菌，又名桃锈病。危害叶。

发病规律　该病菌具转主寄生特性，其转主寄主为白头翁和唐松草。主要以孢子在落叶上越冬，或以菌丝体在白头翁和唐松草的宿根或天葵的病叶上越冬。6～7月开始侵染，先侵染叶背，后侵染叶面；8～9月进入发病盛期，叶正反面均产生病斑，尤其是老叶及成长叶发病重。

防治方法

农业防治　结合冬季清园，认真清除落叶，铲除转主寄主，高温堆沤或深埋。

化学防治　浸染初期每隔10～14天喷布一次65%代森锌可湿性粉剂或75%百菌清可湿性粉剂、50%多菌灵可湿性粉剂500～600倍液、70%代森猛锌可湿性粉剂700倍液、70%甲基硫菌灵可湿性粉剂600～800倍液、50%异菌脲可湿性粉剂1500倍液。

16　桃花叶病（图1-16-1至图1-16-3）

症状诊断　为潜隐性病害，叶片染病，呈现鲜黄色斑驳或褪绿斑纹或不规则形花叶，严重时病叶黄化，甚至全树叶片都变成黄色。花瓣染病，产生叶脉状粉红色条纹。果实染病，果面褪绿、变形、缺乏香味；核也稍扁，有开裂，果缝处开裂并木栓化，果实变小。病株生长缓慢，开花和果实成熟晚4～6天。

病原　为桃潜隐花叶类病毒。主要危害叶、花和果。

发病规律　桃潜隐花叶病毒通过嫁接、带毒插穗及桃蚜、瘿螨和其他刺吸式口器昆虫传播。3月份开花期如遇高温天气，花蕾发病重；桃树染病后抗病和抗寒能力降低，病树果实小，仅为正常果的1/3；主干和枝条内皮层坏死，易遭病菌侵害，提早衰老；在一些品种上，木质部产生茎痘斑。

防治方法　杜绝从病树上采集接穗繁育苗木，培育和栽培无病毒桃苗；注意修剪工具的消毒，以避免传染；及时防治桃蚜、瘿螨等刺吸式口器害虫。

17　桃红叶病（图1-17-1至图1-17-3）

症状诊断　主要表现是叶片变红，已成为北方一些桃产区重要的病害。染病树春季发芽开花晚，果实成熟迟。叶芽萌动后嫩叶现红色，从叶尖向下逐渐干枯，不能抽生新梢，致一年生枝局部或全部干枯。5月中旬至8月症状轻或不显症，到了秋梢期又现春季症状，病叶背面又现红色，叶面粉红色，黄化或脉间失绿。

病原 为桃树红叶病毒，危害桃叶。

发病规律 由嫁接或蚜虫、叶蝉、介壳虫等刺吸式口器害虫传染。该病发生、扩展与桃园的土壤、地势、地理位置、连作及土壤、气候条件关系不大；病株在田间呈点片分布，表现为传染性病害的分布特性，与生理性病害特性不符。此病有蔓延加剧势头。大久保桃发病重。

防治方法

农业防治 ①繁育无病毒苗木。选用无病接穗和抗病实生砧木，培育无病苗木；将带毒苗木和接穗置于37℃下培养28～40天，可获得脱毒苗木；将芽条置于70℃热空气中10分钟，可获得脱毒芽条。对苗圃内病苗及时拔除并集中烧毁。②加强果园综合管理。增施有机肥，及时灌排水，增强树势，提高树体抗病力。

防虫治病 及时防治蚜虫、叶蝉等刺吸式口器害虫。

化学防治 发病初期喷洒10%混合脂肪酸（83增抗剂）水乳剂100倍液或5%菌毒清水剂200倍液、0.5%抗毒剂1号水剂600倍液、1.5%植病灵乳油1000倍液、20%盐酸吗啉胍·铜（病毒A）可湿性粉剂1000倍液，隔10～15天一次，连续防治2～3次。

⑱ 桃腐烂病（图1-18-1至图1-18-3）

症状诊断 初期症状为病部稍凹陷，外部可见米粒大小的流胶。其后，病部树皮腐烂、湿润，散发黄酒精味。病斑纵向扩展快，不久深达木质部，病部干缩凹陷，表面生钉头状灰褐色的小突起，此为病菌的子座；如撕开表皮可见许多呈眼球状、中央黑色、周围有一圈白色菌丝环的小突起，空气潮湿时从中涌出黄褐色丝状物，此为病菌的分生孢子角。当病斑扩展包围主干一周时，病树很快死亡。

病原 为子囊菌门核果黑腐皮壳菌，又名桃干枯病。主要危害枝干，全国各地均有发生。

发病规律 病菌寄生性很强，对树势健壮的桃树危害较轻，在衰弱和垂死的树皮上扩展快。病菌在树干病组织中越冬，借风雨和昆虫传播。第二年3～4月分生孢子萌发，5～6月是病害发展的高峰期，春、秋两季病疤扩展较快，高温对病害的发展有抑制作用，11月份逐渐停止扩展。病菌从树干（枝）伤口或皮孔侵入。病部常发生流胶现象。冻害造成的伤口是病菌侵入的主要途径，凡是能导致桃树抗寒性降低的因素，如负载量过大，施用速效肥过多，磷钾肥不足、地势低洼、土壤黏重、雨季排水差等不利于桃树生长的条件，都可诱发腐烂病发生。

防治方法

农业防治　加强栽培管理，增强树势，提高抗病能力。晚秋用石灰水涂干，或在树的主干上缠草绳，防止桃树受冻害，以减轻该病的发生。

化学防治　该病初期症状不明显，早春要细心查找，发现后用刀先将病疤刮除，再用47%春雷霉素·王铜可湿性粉剂100倍液或70%甲基硫菌灵可湿性粉剂50倍液涂抹伤口。因桃树易流胶，所以在刮除病疤涂药治疗后，最好再涂一层植物或动物油脂一类的伤口保护剂。

⑲ 桃流胶病（图1-19-1至图1-19-6）

症状诊断　由侵染性流胶病引起的流胶：枝干受害后，皮层呈疣状隆起，或环绕皮孔出现1~2厘米的凹陷病斑，并从皮孔中渗出胶液；病斑扩展，侵染点增多到绕枝干一周后，病斑上部枝干常枯死；枯死的枝干上可见许多小黑粒点状物；1~2年生枝条染病，多以皮孔为中心产生疣状病斑。当年病斑一般不流胶，病斑下皮层变褐坏死。果实受侵染后多在近成熟期流胶发病，使果实变褐腐烂。非侵染性流胶病引起的流胶：主要危害主干和主枝桠杈处，小枝条和果实也可被害，尤其雨后流胶现象严重。侵染性流胶病较非侵染流胶病流胶量少，后者特别是由伤口引起的流胶量大。流出的树胶初为无色半透明稀薄而有黏性的软胶，与空气接触后变为茶褐色或红褐色，干燥后变为坚硬的胶块，遇雨吸水后膨胀为胨状胶体。该病常导致树体早衰，甚至死亡。

病原　分侵染性流胶病和非侵染性流胶病两种。侵染性流胶病病原为子囊菌门茶藨子葡萄座腔菌，又名桃瘤皮病、疣皮病、桃树脂病、真菌性流胶病；非侵染性流胶病病因主要由霜害、冻害、病虫害、雹害及机械伤害等造成的伤口及栽培管理不当，如施肥过多、修剪过重、结果过多、土壤黏重、土壤酸碱度不调等引起的树体生理失调，导致流胶。危害树干、枝条和果实。

发病规律　侵染性流胶病病菌以菌丝体、子座和分生孢子器在病部越冬，并可在病枝上存活多年。枝干上长出的小黑粒状物是病菌的子囊果和分生孢子器。天气潮湿时从分生孢子器逸出大量的分生孢子，分生孢子靠雨水分散传播到枝干上，萌发后从皮孔或伤口侵入。果树负载量过大或地势低洼、土壤黏重、果园排水差、重茬再植的果园发病重。非侵性流胶病，一般在4~10月间的雨季，特别是长期干旱后偶降暴雨、老龄树、弱树、病虫危害重、土壤黏重、管理不当伤口多等发病重。

防治方法

农业防治　选择地势高、透水性好的砂质壤土地建园；避免重茬栽植桃树；

加强栽培管理，增强树势，提高抗病能力；冬季或早春按结1千克桃果施入2~3千克有机肥的比例，开沟施入桃树根际；生长季节适时追肥浇水。冬春要注意防冻害和霜害；修剪时将树上病枯枝剪除烧掉，减少越冬病源。

防虫治病　及时防治枝干病虫害，如蚜虫、介壳虫、天牛、食心虫等。

化学防治　桃树萌芽前全树均匀喷布50%代森锰锌可湿性粉剂600~800倍液，以消灭树皮浅层的流胶病菌。桃树生长期间，用70%甲基硫菌灵可湿性粉剂700倍液或50%多菌灵可湿性粉剂600倍液、75%百菌清可湿性粉剂500倍液喷布叶枝干，兼治果实、叶片和桃树流胶病。

20　桃木腐病（图1-20-1至图1-20-3）

症状诊断　受害树先在伤口或锯口等木质暴露处显现症状，木质变褐，干枯朽烂，后变灰白，渐长出白色菌丝体和子实体。腐朽的木质心材疏松、质软而脆，触之易碎。病部表面长出灰白色病菌子实体，多由锯口长出，少数从伤口和虫口长出，每株形成的病菌子实体1至数十个，以枝干基部受害重，导致树势衰弱，叶色变黄或过早落叶。

病原　为担子菌门变色多孔菌、裂褶菌、暗黄层孔菌等多种真菌，主要是暗黄层孔菌，又叫心腐病。主要危害桃树的木质心材部分，使心材腐朽。

发病规律　病菌在受害树的枝干上长期存活，以子实体上产生的孢子随风雨飞散传播，经锯口、蛀口及其他伤口侵入。一般老桃树、弱树发病较重，难以愈合的大锯口处易受害发病；连阴雨及果园通风透光不良，易发病。

防治方法

农业防治　加强栽培管理，增施有机肥，使桃树生长健壮，提高抗病能力；合理修剪，尽可能减少伤口；发现病死树要及时刨除烧毁；发现病树上的子实体应立即削除，带到园外集中烧毁，减少病菌的侵染来源。

防虫治病　桃红颈天牛、吉丁虫等蛀干害虫所造成伤口是病菌侵染的重要途径，及时防虫减少伤口，减轻病害的发生。

化学防治　桃树萌芽前全树均匀喷布5%菌毒清水剂50~100倍液，消灭浅层病菌。对锯口或发病部位涂抹1%硫酸铜液或波尔多液、20%三唑酮乳油200倍液，可起到保护或治疗作用。

21　桃干枯病（图1-21-1，图1-21-2）

症状诊断　病斑略凹陷，发病初期病斑褐色、凹陷，后期病斑干缩，上生隆起小点，即病菌的分生孢子器，病部以上部分枯死。

病原　为半知菌类桃壳梭孢菌。危害枝和干。

发病规律 以分生孢子器或菌丝体在病枝干上越冬，翌年5~6期间释放分生孢子，借风雨传播，在具水滴或雨露条件下，分生孢子经4~8小时即可萌发，经伤口或由气孔侵入，引起发病。潜育期30天左右，后经1~2年才现出病症，因此本病一经发生，常连续2~3年。多雨或湿度大的地区、植株衰弱、冻害严重的桃园发病重。

防治方法

农业防治 ①及时检查枝干，发现病部后，轻者用刀刮除病斑，重者剪掉或锯除，伤口用45%晶体石硫合剂30倍液消毒。②加强桃园管理，增施有机肥，疏松或改良土，雨后及时排水，注意防冻。

化学防治 可结合防治桃树其他病害，在发芽前喷洒一次40%氟硅唑乳油8000倍液。在5~6月及时喷射1:0.7:200倍式波尔多液2~3次或53.8%氢氧化铜2000干悬浮剂1000倍液、20%噻菌酮悬浮剂500倍液、12%松脂酸铜乳油600倍液，隔10~15天一次，连续防治3~4次。

22 桃根癌病（图1-22-1至图1-22-3）

症状诊断 桃树根部常见病害，各地均有发生。桃树受病菌侵染后形成癌瘤，主要发生在根颈部，也发生于侧根和支根上，以嫁接口处较为常见。癌瘤形状、大小、质地因寄生部位不同而异，小的如豆粒，大的如胡桃、拳头或更大。初生时为乳白色或略带红色，光滑而柔软；以后逐渐变褐色到深褐色，木质化而坚硬，表面粗糙或凹凸不平。苗木受害，表现为发育受阻，生长缓慢，植株矮小，严重时叶片黄化，早衰。成年树受害，果实变小，寿命缩短。

病原 为野杆菌属根癌土壤杆菌，属细菌。主要危害桃树根系。

发病规律 病菌在癌瘤组织的皮层内越冬，或在癌瘤破裂时进入土壤中越冬。病菌在土壤中能存活1年以上。病菌主要通过雨水和灌溉水传播；蛴螬、蝼蛄、线虫等地下害虫在病害传播上也起一定作用；苗木带菌是远距离传播的主要途径。病菌通过植株伤口侵入。适宜病菌侵染的温度为22℃左右，发病率随土壤温度的升高而增加；碱性土壤有利于发病，酸性土壤对发病不利；土壤黏重、排水不良发病重，而土壤疏松、排水良好的砂壤土发病轻。嫁接口的部位、接口大小以及愈合的快慢等因素均能影响发病程度，在苗圃中，切接苗木伤口大、愈合较慢，加之嫁接后要培土，伤口与土壤接触时间长，染病机会多，发病率较高；而芽接苗木，接口在地表以上，伤口小，愈合较快，则很少染病。

防治方法

农业防治 苗木一旦感染病菌，将终生带病，因此，老果园，特别是细菌性根癌病较重的果园不能作为育苗基地。嫁接苗木最好采用芽接法，使接口上提以避免伤口接触土壤。及时防治地下害虫，减少染病机会。对碱性土壤应适当施用酸性肥料或增施有机肥，以提高土壤的酸度值，使之不利于病菌生长。苗木定植前认真检查，发现病苗予以淘汰；定植前对接口以下部位，用1%硫酸铜液浸5分钟，再放入2%石杰水中浸1分钟。在定植后的果树上发现癌瘤时，先用快刀切除癌瘤，再用1：1：100倍的波尔多液或1000万单位的链霉素1000倍液涂抹切口，外加凡士林保护。

生物免疫　用生物保护剂根癌灵（K$_{84}$）可有效防治桃树细菌性根癌病。K$_{84}$是一种根际弱寄生细菌，通过拌种、蘸根、涂抹等施药方法，使该菌在根部生长繁殖，抢先占领根癌病菌侵入部位，对植物实施免疫。注意必须在病菌侵入前使用 K$_{84}$ 生物剂才能获得良好效果。

23　桃烂根病（图1-23-1至图1-23-5）

由桃树根部病害引起的根部腐烂通称为烂根病。主要有白绢病、白纹羽病、紫纹羽病、根朽病和圆斑根腐病等。

症状诊断　桃树染病后，常引起根系和根颈部腐烂，导致树枯死。五种根部病害地上症状在发生初期较难鉴别，随病情发展，病树生长显著衰弱，叶形变小，叶色褪绿变黄。病情进一步发展，侧枝失水皱缩，枝梢的先端或细小枝条开始枯死，最后引起全株死亡。果树从发病到死亡所需时间，常随着树龄和果园条件不同而有差异，苗期染病，往往当年就死亡；大树染病，一般需经1~2年或数年才死亡。

白绢病　主要发生于靠近地面的根颈部，又称茎基腐病。发病初期，根颈表面形成白色的菌丝体，表皮呈现水渍状褐色病斑，菌丝继续生长，直至根颈部覆盖着如丝绢状的白色菌丝层，故名白绢病。在潮湿条件下，菌丝层能蔓延至病部周围的地面。当病部进一步发展时，根颈部的皮层腐烂，并溢出褐色汁液，有酒糟味。后期在病部或附近的地表裂缝中长出许多棕褐色或茶褐色油菜籽状的菌核，这时植株地上部逐渐衰弱死亡。

白纹羽病　根系被害初期，细根霉烂，以后扩展到侧根和主根。病根表面缠绕有白色或灰白色的丝网状菌索。后期，烂根的柔软组织全部消失，外部的栓皮层如鞘状套于木质部外面。有时在病根木质部长出黑色圆形的菌核。近地面根际处出现灰白色或灰褐色的绒布状菌丝膜。

紫纹羽病　根系霉烂情况与白纹羽病相似，但病根表面缠绕有紫红色的丝网状菌索和绒布状菌丝膜。

根朽病　主要危害根颈部及主根，也可危害支根。病部的主要特点是皮层内、皮层与木质部之间充满白色至淡黄色的扇状菌丝层和白色菌索。病组织在黑暗处能发出蓝色的荧光。发病初期仅皮层溃烂，后期木质部亦腐朽。高温多雨季节，在阴暗潮湿的病树根颈部位或露出上面的病根上，常有丛生的蜜黄色蘑菇状子实体长出，与病根对应的枝条死亡。

圆斑根腐病　病树的须根最先变褐枯死，逐渐蔓延到支根，围绕须根基部形成红褐色圆斑。随病斑扩大融合，深达木质部，整段根即变黑死亡。病变由须根，小根逐渐向大根蔓延。在病害发展过程中，病根反复形成愈伤组织和产生新根，致使病健组织交错，表面凹凸不平，呈现本病特有的根部症状。

病原　白绢病病原为担子菌门白绢薄膜革菌，白纹羽病病原为子囊菌门褐座坚壳菌，紫纹羽病病原为担子菌门桑卷担菌，根朽病病原为担子菌门发光假蜜环菌，圆斑根腐病病原包括半知菌类的尖镰刀菌、茄属镰刀菌和弯角镰刀菌。

发病规律　白绢病以菌丝体在病树根颈部或以菌核在土中越冬，从根颈部伤口或嫁接处侵入，造成颈部的皮层及木质部腐烂；病菌通过灌溉水、农事操作及苗木移栽传播。

白纹羽和紫纹羽病菌以菌丝体、根状菌索或菌核随着病根遗留在土壤里越冬，环境条件适宜时，由菌核或根状菌索上长出营养丝，首先侵害果树新根的柔软组织，被害细根软化朽烂以至消失，后逐渐延及粗大主根；白纹羽和紫纹羽病菌主要依靠病、健根的接触而传染，灌溉水和农事操作也能传病；病菌可在土壤中生存多年，并能横向扩展，侵害邻近的健根。

根朽病菌以菌丝体在病树根部或随病残体在土壤中越冬。只要病残体不腐烂分解，病菌就可长期存活。病菌主要依靠病、健根的接触和病残组织的转移传病。

圆斑根腐病菌属的三种镰刀菌主要存活于土壤中，以腐生方式生活，致病力不强。

几种病菌的寄主范围很广，可危害多种果树和林木，故旧林地改建果园，发病严重。刺槐是紫纹羽病菌的重要寄主，接近刺槐的桃园易发生紫纹羽病。土壤黏重、排水不良、土壤有机质缺乏、树势衰弱、定植过深或培土过厚、耕作不慎伤害根部较多的果园和苗圃发病重。

防治方法

农业防治　①科学定植。苗木定植时，接口要露出土面，以防土壤中的白绢病菌从接口处侵入。②加强果园管理，培育壮树。增施有机肥料，合理灌排水，既防止病菌生长蔓延，又可促进土壤中抗生菌的繁殖，抑制病菌的生长，并促使果树根系生长旺盛，提高抗病力。③不用刺槐作防护林。紫纹羽病往往通过刺槐传播到果园，因此不要用刺槐作防护林。若有刺槐根已进入果园，应彻底挖除；④果园内不要间作感病植物。如甘薯、马铃薯、大豆、瓜类及茄科等多种蔬菜，以防相互传染。⑤开沟封锁病株。果园初见树时，即在病树周围开沟，避免病根与邻近果树的健根接触，防止病害蔓延。

化学防治　①选栽无病苗木及苗木消毒。苗木出圃时，要进行严格检查，发现病苗应予以淘汰。对有染病嫌疑的苗木，可将根部放入70%甲基硫菌灵500倍液中浸渍10分钟，然后栽植。②病树的治疗处理。经常检查树体地上部的生长情况，如发现果树生长衰弱，叶形变小或叶色褪绿等症状时，及时扒开根部周围土壤进行检查确定根部有病后，根据病害种类进行不同的处理。如是白绢病，先将根颈部病斑用刀彻底刮除，并用"401"抗菌剂50倍液或1%硫酸铜液消毒伤口，外涂伤口保护剂，再于根部土壤上浇灌药液或撒施药粉防治。如是白纹羽病、紫纹羽病或根朽病，则应将已霉烂的根切除，再浇灌药液或撒施药粉。刮除的病部和切除的霉根及从根颈周围扒出的土壤，要携出果园之外，并换上无病菌的新土覆盖根部。

应用的药剂种类及浓度如下：

五氯硝基苯：用40%五氯硝基苯粉剂1千克加细干土40～50千克混匀后撒施于根颈部土壤中，防治白绢病、白纹羽病和根朽病。

甲基硫菌灵：使用浓度为70%甲基硫菌灵可湿性粉剂600倍液，防治白纹羽病和紫纹羽病，每株用药量参照上述处理。

此外，可用50%代森锌可湿性粉剂500倍液或50%退菌特可湿性粉剂250～300倍液、80%碱式硫酸铜可湿性粉剂500倍液、10%石灰乳，浇灌病根部周围土壤防治。

病株处理上半年可在4～5月间进行，下半年可在9月份进行，也可以在果树休眠期进行。但要避免在7～8月高温干燥的夏季扒土施药。病树处理后，应增施肥料，如尿素和腐熟的人尿等，以促使新根产生，加快树势恢复。

(24) 桃根结线虫病（图1-24-1）

症状诊断 主要危害根，在生长的细根上寄生很多火柴头或米粒大小的瘤子，且接连不断地形成根瘤，有的根瘤重叠，致发生新根能力锐减，根变细变硬，严重的丧失发生新根的能力而干枯。地上部起初不明显，发生严重时新梢生长不良，果小而少，着色提早。

病原 有南方根结线虫、爪哇根结线虫、北方根结线虫和花生根结线虫。主要危害桃树根系。

发病规律 几种根结线虫均以卵或幼虫在土壤里越冬，翌年4～5月，幼虫从新根根尖侵入寄主，在根里生长发育，8月上旬形成明显的瘤子，8月下旬后在瘤子里产卵，初孵化的幼虫又侵害新根，并在原根附近形成新的根瘤。秋末，以成虫、幼虫或卵在根瘤中越冬，翌年5月开始活动，并发育成下一虫态，根结线虫2年发生3代，在土壤中随根横向或纵向扩展，多数生活在土壤耕作层内，有的可深达2～3米。最适于砂土、砂壤土和壤土等粗结构的土壤。在天气干燥的9月，为雌成虫产卵高峰。寄主范围很广，可在果园的许多宽叶杂草和覆盖作物的根部寄生。

防治方法

农业防治　对外来苗木严格检疫，不栽带病苗。培肥果园地力，增施有机肥，合理整形修剪，培育壮树，提高树体忍耐线虫危害的能力。冬前落叶后或早春2月，挖除病株土壤表层的病根和须根团，保留水平根及较粗大的根，然后每株均匀施石灰1.5~2.5千克，并增施有机肥料，可促使树体复壮。

化学防治　用50%辛硫磷乳油800倍液或1.8%阿维菌素乳油2000~3000倍液喷洒土壤；50%辛硫磷乳油每亩1~1.5千克拌入有机肥，施入土中或制成毒土撒施后，翻入深3~5厘米土壤中。

25　桃腐败病（图1-25-1，图1-25-2）

症状诊断　主要危害果实，病斑初为褐色水渍状斑点，后迅速扩展，边缘变为褐色，果肉腐烂。后期病果常失水干缩形成僵果，其上密生黑色小粒点。

病原　为半知菌类扁桃拟茎点菌。

发病规律　以分生孢子器在僵果或落果中越冬，翌春产生分生孢子，借风雨传播，侵染果实，果实近成熟时，病情加重。病菌在病部、病残体上越冬；由风雨传播；伤口有利侵入。春季温暖潮湿发病重。管理粗放、肥水不足、冻伤日灼伤重、土壤黏重、其他病虫害多、修剪过重、生长不良均有利发病。

防治方法

农业防治　科学修剪，保持果园通风透光，控制树体负载量；增施有机肥，氮肥适量；旱季及时浇水，雨后排水。捡除园内病僵果及落地果实，清理病枝并及时处理，减少菌源；冬春季作好树干涂白工作。

化学防治　发病初期，树冠喷洒50%苯菌灵可湿性粉剂1500倍液、50%多菌灵可湿性粉剂800倍液、70%甲基硫菌灵可湿性粉剂1200倍液、5%菌毒清可湿性粉剂1000倍液、40%福美锌可湿性粉剂800倍液等，12~15天1次，连续喷洒2~3次。

26　桃褐斑病（图1-26-1，图1-26-2）

症状诊断　主要危害叶片，也危害新梢和果实。叶片染病，初生圆形或近圆形病斑，边缘紫色，略带环纹，大小1~4毫米；后期病斑上长出灰褐色霉状物，中部干枯脱落，形成穿孔，穿孔的边缘整齐，穿孔多时叶片脱落。新梢、果实染病，症状与叶片相似。

病原　属半知菌类核果尾孢霉菌，有性世代为子囊菌门樱桃球腔菌。分生孢子梗浅榄褐色，具隔膜1~3个，有明显膝状屈曲，屈曲处膨大，向顶渐细，大小10~65微米×3~5微米；分生孢子橄榄色，倒棍棒形，有隔膜1~7个，大小

30~115微米×2.5~5微米。子囊座球形或扁球形，生于落叶上，大小72微米；子囊壳浓褐色，球形，多生于组织中，大小53.5~102微米×53.5~102微米，具短嘴喙；子囊圆筒形或棍棒形，大小28~43.4微米×6.4~10.2微米；子囊孢子纺锤形，大小11.5~17.8微米×2.5~4.3微米。

发病规律　以菌丝体在病叶或枝梢病组织内越冬，翌春气温回升，降雨后产生分生孢子，借风雨传播，侵染叶片、新梢和果实。以后病部产生的分生孢子进行再侵染。病菌发育温限7~37℃，适温25~28℃。低温多雨利于病害发生和流行。

防治方法

农业防治　适时灌溉，雨季注意排水，增施有机肥，合理修剪，保持果园通风透光。

化学防治　落花后，喷洒70%代森锰锌可湿性粉剂500倍液或70%甲基硫菌灵可湿性粉剂1000倍液、75%百菌清可湿性粉剂700~800倍液、50%甲基硫菌灵·硫黄悬浮剂500倍液，7~10天防治1次，共防3~4次。

㉗　桃裂果病（图1-27-1至图1-27-4）

症状诊断　多发生在桃果成熟期，有的在果顶到果梗方向发生纵裂，有的在果面发生不规则的裂纹，裂果后降低商品价值或染病腐烂，根本无食用价值。

病因　因品种特性、管理不当等原因所致。

发病规律　①品种特性。肉质松脆的品种比肉质致密的品种容易裂果；偏圆形品种比长圆形品种易裂果；早、中熟品种比晚、迟熟品种易裂果。②环境条件。在硬核期前后（即桃核生长发育期间）雨水过多，容易裂果；土壤地下水位过高，排水不良也会造成裂果。③培育管理。偏施氮肥，磷肥不足，造成桃树徒长，又不重视夏季修剪，容易造成裂果。果实成熟期，果汁渗透压增高，吸水性强，此期间如果降雨多或降雨时间长，易发生裂果。

防治方法

农业防治　选择不易裂果品种；栽培管理上注意旱浇涝排，保持果树供水均衡；重视夏季修剪，多施磷钾肥、适量施氮肥。科学修剪，改善通风透光条件；适时中耕除草，保持树盘根际土壤疏松，提高土壤含水量，增强土壤透气性，为根系创造良好的生长环境；树盘覆盖，减少土壤水分蒸发，确保土壤水分和营养供应均衡。

物理防治　果实套袋既可减轻病害，也可降低裂果率。成熟果实，适时分次采收。

㉘　桃膏药病（图1-28-1，图1-28-2）

症状诊断　在树枝干着生圆形或不规则形的菌膜，像贴膏药状，呈灰白色或暗灰色，表面比较光滑，以后由灰白色变为紫褐色或黑色。

病原　属担子菌门的茂物隔担耳菌。担子果平伏革质，菌丝层较薄；子实层中产生的原担子（下担子）球形或近球形，直径8～10微米。

发病规律　病原菌常与介壳虫共生，菌体以介壳虫的分泌物为养料。介壳虫则借菌膜覆盖得到保护。病原菌的菌丝体在枝干上的表面生长发育，逐渐扩大形成膏药状薄膜。菌丝也能侵入寄主皮层吸收营养。担孢子通过介壳虫的爬行进行传播蔓延，以菌膜在树干上越冬。土壤黏重、排水不良或林内阴湿、通风透光不良等都易发病。

防治方法

防治介壳虫　及时防治介壳虫，减少病菌发病机会。

农业防治　结合修剪除去病枝，刮除病菌的实体和菌膜，集中深埋或烧毁。

化学防治　休眠期于刮除菌膜后的病斑处涂抹2～3波美度的石硫合剂或5%的石灰乳或1:1:15的波尔多液浆；或用0.5～1:0.5～1:100的波尔多液加0.6%食盐或4%的石灰乳加0.8%的食盐过滤液喷洒枝干。于4～5月和9～10月雨前或雨后用10%波尔多液浆或70%甲基硫菌灵可湿性粉剂+75%百菌清可湿性粉剂（1:1）50～100倍液涂刷病部。

29　桃黑星病（图1-29-1至图1-29-3）

症状诊断　主要危害果实，也危害叶片和新梢。果实发病时多在果肩部产生暗褐色圆形小点，逐渐扩大至2～3毫米，后呈黑色痣状斑点，严重时病斑聚合成片。病菌扩展一般仅限于表皮组织。当病部组织坏死时，果实仍继续生长，病斑处常出现龟裂，呈疮痂状，严重时造成落果。枝梢发病，病斑暗绿色，隆起，常发生流胶，病健组织界限明显。叶片发病开始于叶背，形成不规则多角形灰绿色病斑，以后病斑干枯脱落，形成穿孔，严重时引起落叶。叶脉发病呈暗褐色长条形病斑。

病原　属半知菌类嗜果枝孢菌；有性世代为子囊菌门真菌。

发病规律　病原菌以菌丝体在枝梢的病部越冬。第二年4月下旬至5月中旬形成分生孢子，成为初次侵染来源。病原菌经风雨传播，分生孢子萌发后直接穿透寄主表皮侵入。病菌侵染果实后潜育期40～70天，而侵染新梢和叶片为25～45天。

该病的发生与气候、果园地势及品种有关，特别是春季和初夏及果实近成熟期的降水量是影响该病发生和流行重要条件。4～6月多阴雨、地势低洼潮湿、果园定植过密或树冠郁闭有利于病害的发生。果实在6月开始发病，7月为盛发期。晚熟品种发病较重。

防治方法

农业防治　因地制宜选栽抗病或早熟品种；秋末冬初，认真剪除病枝、枯枝，清除僵果、残桩，集中烧毁或深埋，消灭越冬病源；重视夏剪，加强内膛修剪，园内注意雨后排水，降低果园湿度，保持桃园通风透光。落花后3~4周果实套袋。

化学防治　冬前落叶后或春季开花前喷洒4~5波美度石硫合剂或45%晶体石硫合剂30倍液，铲除枝梢上的越冬菌源；落花后15天左右喷药，常用药剂有12%王铜600倍液或70%代森锰锌可湿性粉剂500倍液、80%炭疽福美可湿性粉剂800倍液、50%苯菌灵可湿性粉剂1500倍液、50%甲基硫菌灵·硫黄悬浮剂500倍液、70%甲基硫菌灵可湿性粉剂1000倍液等，以上药剂交替使用，每隔10~15天防治1次，共防治3~4次；套袋前喷洒1次杀菌剂。

30　桃缺铁症（图1-30-1）

症状诊断　又叫黄叶病，多从新梢顶端的幼嫩叶片开始，初叶肉先变黄，叶脉两侧仍为绿色，叶呈绿色网纹状，随病势发展，黄化程度逐渐加重，直至全叶呈黄白色，叶缘枯焦，呈枯梢现象。病树所结的果颜色仍然正常。

病因　树体缺铁元素所致。

发病规律　盐碱重的土壤或钙质土的桃园易发生缺铁症。原因是可溶性的二价铁转化成不可溶的三价铁，桃树不能吸收利用，表现缺铁；施氮肥过多，修剪过重，树体内的锰、铅、钼、锌、钒的含量高，抑止了铁的吸收。

防治方法

农业防治　①改土治碱。增施有机肥，增加土壤有机质含量，挖沟排水，增加土壤透水性，是防治黄叶病的根本措施。②增施农家肥，使土壤中铁元素变为可溶性，有利于植株吸收。③将浓度为3%的硫酸亚铁与饼肥或牛粪混合施用。方法是：将0.5千克硫酸亚铁溶于水中，与5千克饼肥或50千克牛粪混合后施入根部，有效期约半年。

化学防治　发病初期叶面喷洒0.4%硫酸亚铁溶液，7~10天1次，连喷2~3次。

第2章

桃害虫诊断与防治

01 桃蛀螟（图2-1-1至图2-1-6）

属鳞翅目螟蛾科。又名桃蛀野螟、桃斑螟、桃实螟、桃果蠹、桃蠹螟、桃蠹心虫、桃蛀心虫、桃实虫、桃野螟蛾、桃斑纹野螟蛾、果斑螟蛾、豹纹蛾、豹纹斑螟。

分布与寄主

分　布　全国各产区。

寄　主　梨、桃、山楂、核桃、柿、杏、石榴、板栗等果树。

危害特点　幼虫从果与果、果与叶、果与枝的接触处钻入果实危害。果实内充满虫粪，致果实腐烂并造成落果或干果挂在树上。

形态诊断　成虫：体长10~12毫米，翅展24~26毫米，全体金黄色；胸、腹部及翅上都具有黑色斑点；触角丝状；雌蛾腹部末节呈圆锥形，雄蛾腹部末端有黑色毛丛。卵：椭圆形，长0.6~0.7毫米，乳白至红褐色。幼虫：体长22~25毫米，头部暗黑色，胸部暗红色或淡灰或浅灰蓝色，腹面淡绿色；前胸背板深褐色；中、后胸及第一至八腹节各有排成2列的大小毛片8个，前列6个后列2个。蛹：褐色或淡褐色，长约13毫米。

发生规律　黄淮地区1年发生4代，以老熟幼虫或蛹在僵果中、树皮裂缝、堆果场及残枝败叶中越冬。4月上旬越冬幼虫化蛹，下旬羽化产卵；5月中旬发生第一代；7月上旬发生第二代；8月上旬发生第三代；9月上旬为第四代，而后以老熟幼虫或蛹越冬。成虫昼伏夜出，对黑光灯趋性强，对糖醋液也有趋性。卵散产于两果相并处和枝叶遮盖的果面或梗洼上，卵期7天左右。幼虫世代重叠严重，尤以第一、二代重叠常见，以第二代危害重。

防治方法

农业防治　冬春季彻底清理树上、树下干僵果及园内枯枝落叶和刮除翘裂的树皮，清除果园周围的玉米、高粱、向日葵、蓖麻等遗株深埋或烧毁，消灭越冬幼虫及蛹。

物理防治　在果园内点黑光灯或放置糖醋液诱杀成虫。种植诱集作物诱杀。根据桃蛀螟对玉米、高粱、向日葵趋性强的特性，在果园内或四周种植诱集作物，集中诱杀。一般每亩种植玉米、高粱或向日葵20~30株。

化学防治　掌握在桃蛀螟第一、二代成虫产卵高峰期的6月20日至7月30日间喷药，施药3~5次，叶面喷洒90%晶体敌百虫800~1000倍液或20%氰戊菊酯乳油1500~2000倍液、2.5%溴氰菊酯乳油2000~3000倍液、50%辛硫磷乳油1000倍液等。

02 桃小食心虫（图2-2-1至图2-2-8）

属鳞翅目蛀果蛾科。又名桃蛀果蛾、桃小实虫、桃蛀虫、桃小食蛾、桃姬食心虫。简称桃小，俗称"豆沙馅""枣蛆"。

分布与寄主

分布　我国各桃产区。

寄主　桃、石榴、苹果、枣、花红、海棠、梨、山楂、李、杏、木瓜等。

危害特点　幼虫从果实萼筒或果实胴部蛀入，蛀孔流出泪珠状果胶，不久干涸，蛀孔愈合成一小黑点略凹陷。幼虫入果后在果内乱窜，排粪于其中，俗称"豆沙馅"，遇雨极易造成烂果，使果实失去食用价值。

形态诊断　成虫：体灰褐或灰白色。雌虫体长7~8毫米，翅展16~18毫米。雄虫体长5~6毫米，翅展13~15毫米。前翅近前缘中部处有一近三角形的黑色大斑，缘毛灰褐色。后翅灰色，缘毛长，浅灰色。雌雄很易区别，雄虫触角每节腹面两侧有纤毛，雌虫则无；雄虫下唇须短，向上翘，雌虫则长而直。卵：深红色，竖椭圆形或筒形，以底部黏附在果实上。卵壳上具有不规则略呈椭圆形刻纹，端部1/4处环生2~3圈"丫"形生长物。幼虫：老熟幼虫体长13~16毫米，全体桃红色；幼龄幼虫体色淡，黄白或白色。无臀栉。蛹：离蛹，体长6.5~8.6毫米，淡黄白色至黄褐色。茧：有两种，一为扁圆的越冬茧，由幼虫吐丝缀合土粒而成，十分紧密；另一种为纺锤形的"蛹化茧"，亦称"夏茧"，亦由幼虫吐丝缀合细土粒而成，质地疏松，一端留有准备成虫羽化的孔。

发生规律　桃小食心虫在黄淮产区1年发生1代，部分个体发生2代；以老熟幼虫在土内作扁圆形"冬茧"越冬。翌年5月上中旬越冬幼虫开始出土。幼虫出土后，在地面黏结土粒作茧化蛹，蛹期14天左右。6~7月出现越冬成虫，7月上中旬为羽化盛期。成虫无趋光性和趋化性，白天静附于树叶上，夜间交尾，主产卵于萼筒内，其次是果实的其他部位。每头雌虫产卵数十粒至百粒，卵期8天左右。初孵幼虫蛀入果内危害，第一代幼虫危害期为6月下旬至8月，其盛期在7月中下旬。7月下旬至8月上旬，幼虫老熟后，咬一个圆孔，爬出孔口直接落地，结茧化蛹继续发生第二代或入土结茧越冬，也有一部分未老熟幼虫在果中越冬。桃小食心虫幼虫具有背光的习性，在平地果园，如树盘内土壤细而平整、无杂草及间作物，脱果幼虫多集中于树冠下，距树干0.3~1米的土层内结成冬茧越冬，而以树干基部背阴面虫数最多。如树冠下土块、石块多，杂草多或间作其他作物，脱果幼虫即就地入土结茧越冬，冬茧多分散在树冠外围土里。山地果园地形复杂，冬茧在土层内分布的深度，一般为3~12厘米，其中以3厘米左右深的土层虫数最多，约占80%。

防治方法

物理防治　应用桃小性信息素橡胶芯载体，制成水碗式诱捕器悬挂在桃园内，诱杀雄蛾。一个诱捕器，夜诱捕雄蛾量可达100头以上。

农业防治　在越冬幼虫出土前，可选用以下方法防治。①培土。利用幼虫在树下土层中越冬和第一代脱果幼虫在根茎周围土壤内作茧的习性，于5月前在树干周围1米范围内培以30厘米厚的土并踩实，将越冬幼虫和羽化成虫闷死于土内，雨季及时扒去培土，以防烂根。②覆盖农膜。在树干周围1米范围内覆盖农膜，用土将周围压紧，将越冬幼虫闷死于膜下。③绑缚草绳。用草绳在树干基部缠绕数圈，诱集出土幼虫入内化蛹，定期检查捕杀。④筛茧。在树干周围1米范围内，挖取5厘米厚的表土，筛茧烧毁。⑤另外，在幼虫蛀果期间，特别是第一代幼虫前期蛀果阶段，及时摘除虫果深埋，每隔10天进行一次。

化学防治　①地面药剂防治。于幼虫出土期和盛期，在距树干1米范围内施药防治出土幼虫。每亩用50%辛硫磷颗粒剂5~7.5千克或50%辛硫磷乳剂0.5千克与50千克细沙土混合均匀撒入树冠下或50%辛硫磷乳剂800倍液对树冠下土壤喷雾。施用后，需将地面用齿耙或锄来回耧耙几次，深5~10厘米，使药土混合，提高防治效果。山地、丘陵果园还应对石块、土堰等隐蔽场所喷洒（撒施）药剂。②树上药剂防治。在卵临近孵化时，喷施2.5%溴氰菊酯乳油3000倍液、25%灭幼脲悬浮剂1500倍液、10%氯氰菊酯乳油2000倍液、20%啶虫脒可湿性粉剂2000倍液等。

03　桃虎象（图2-3-1）

属鞘翅目卷象科。又名杏虎象、桃象甲、杏象甲。

分布与寄主

分布　全国各桃产区。

寄主　樱桃、杏、桃、李、枇杷、苹果等果树。

危害特点　成虫食芽、嫩枝、花、果实，产卵时先咬伤果柄造成果实脱落；幼虫蛀食幼果，果面上蛀孔累累，流胶，轻者品质降低，重者果实腐烂并落果；幼虫蛀入果内危害，导致果实干腐脱落。

形态诊断　成虫：体长6~8毫米，宽3~4毫米，体椭圆形，紫红色具光泽，有绿色反光；触角11节棒状；头长等于或略短于基部宽，鞘翅略呈长方形，两侧平行，端部缩圆或下弯；后翅半透明灰褐色。卵：长1毫米左右，椭圆形，乳白色。幼虫：乳白色微弯曲，长10毫米，体表具横皱纹；头部淡褐色，前胸盾与气门淡黄褐色。蛹：裸蛹，长6毫米，椭圆形，密生细毛。

发生规律　1年发生1代。主要以成虫在土中、树皮缝、杂草内越冬，少数以幼虫越冬。翌年桃花开时成虫出现，成虫危害期长达150天，产卵历期90天，3~6月是主要危害期。成虫怕光，有假死性。产卵时在果面咬一小孔，产卵孔中，上覆黑色胶状物。卵期7~8天，幼虫孵化后即蛀入果内危害，一果内最多可达数十头。幼虫期20余天，老熟后脱果入土，多于10~25厘米土层中结薄茧化蛹。蛹期30余天，羽化早的当年秋天出土活动，秋末潜入树皮缝、土壤、杂草中越冬，多数成虫羽化后不出土，于茧内越冬。春旱时成虫出土少并推迟，雨后常集中出土，温暖向阳地出土早。

防治方法

农业防治　成虫出土期清晨震树，下接布单捕杀成虫，每5～7天进行一次；果期及时捡拾落果，集中处理消灭其中幼虫。

化学防治　成虫发生期树上喷洒90%晶体敌百虫600～800倍液或50%辛硫磷乳油1000倍液、5%顺式氰戊菊酯乳油2000～4000倍液、10%氯菊酯乳油1000～1500倍液。10～15天1次，连喷2～3次。或在成虫出土盛期地面喷洒25%辛硫磷胶囊剂800倍液毒杀出土成虫。

04　桃仁蜂（图2-4-1至图2-4-3）

属膜翅目广肩小蜂科。又名太谷桃仁蜂。

分布与寄主

分布　辽宁、河北、河南、山西等桃产区。

寄主　桃、杏、李等果树。

危害特点　幼虫蛀食正在发育的种仁，被害果逐渐干缩呈黑灰色僵果，大部早期脱落。

形态诊断　成虫：雌体长7～8毫米，黑色，前翅透明稍带褐色；后翅无色透明；头、胸部密布白色细毛和刻点，触角膝状；前翅近前缘有褐色粗脉1条伸至中部，弯向前缘后分成2短支；后翅近前缘具1条黄褐色粗脉。腹部肥大近纺锤形。雄体长6毫米，触角膝状。腹部较小，第1节柄状细长，以后各节略呈圆锤状。其他特征同雌虫。卵：椭圆形，长0.35毫米，乳白色，后端有一细长多曲折的卵柄，柄长为卵长的4～5倍。幼虫：体长6～7毫米，乳白色，纺锤形稍扁，向腹面弯曲，无足，头浅黄色大部缩入前胸内，胴部13节，末节小缩在前节内。蛹：长6～8毫米，略呈纺锤形，乳白至黑色。

发生规律　1年发生1代，以老熟幼虫在被害果里越冬。在山西晋中地区4月中旬至5月上旬化蛹，蛹期15天。田间5月中旬成虫始见，5月下旬盛发，卵产于核尚未硬化的幼果内，1果只产1粒，每雌可产卵百余粒。幼虫蛀食桃仁40余天，至7月中下旬老熟，幼虫即在果核里越冬。

防治方法

农业防治　成虫羽化前彻底清除受害果，集中深埋或烧毁。

化学防治　于成虫盛发期喷洒90%晶体敌百虫1000倍液或20%氰戊菊酯乳油2000倍液、10%氯菊酯乳油2500倍液防治。

05　李小食叶虫（图2-5-1至图2-5-3）

属鳞翅目卷蛾科。又名李小蠹蛾。

分布与寄主

分布　长江以北产区。

寄主　李、山楂、樱桃、桃、杏等果树。

危害特点　幼虫蛀果危害，蛀果前在果面吐丝结网，于网下蛀入果内果核附近，取食近核处果肉，果孔处流出泪珠状果胶，受害果内有大量虫粪，粪中无蛹壳。幼果被蛀多脱落，成长果被蛀部分脱落，对产量与品质影响极大。

形态诊断　成虫：体长4.5~7毫米，翅展11~14毫米，体背灰褐色，腹面灰白灰；前翅狭长烟灰色，翅面密布小白点，在近顶角和外缘，白点排成较整齐的横纹，缘毛灰褐色；后翅淡烟灰色，缘毛灰白色。卵：扁平圆形，长0.6~0.7毫米，淡黄色。幼虫：体长12毫米左右，桃红色，腹面色淡；头、前胸盾黄褐色，臀板淡黄褐或桃红色。蛹：长6~7毫米，暗褐色。茧：长10毫米，纺锤形污白色。

发生规律　1年发生1~4代，多数地区2~3代。均以老熟幼虫在树干周围土中、杂草等植被下及树皮裂缝中结茧越冬。各地成虫发生期：辽西越冬代5月中旬，第一代6月中下旬，第二代7月中下旬；山西忻州越冬代4月上旬至5月上旬，第一代5月下旬至6月下旬，第二代6月中旬至8月上旬，第三代7月下旬至8月下旬。成虫昼伏夜出，有趋光和趋化性。卵散产于果面上，卵期4~7天。孵化后即蛀果，果核未硬直入果心，被害果极易脱落，部分幼虫蛀果2~3天即转果，约经15天老熟脱果，于树皮缝、表土内结茧化蛹。第二代幼虫蛀食果肉至蛀孔流胶，被害果多不脱落，幼虫危害20余天老熟脱果，部分结茧越冬，发生3代者继续化蛹。第三至第四代幼虫多从果梗基部蛀入，被害果多早熟脱落，末代幼虫老熟后脱果结茧越冬。天敌有食心虫白茧蜂等4种。

防治方法

物理防治　成虫发生期利用黑光灯、糖醋液诱杀成虫。

生物防治　利用天敌防治害虫。

落花后越冬代成虫羽化出土前防治　①于树盘压土6~10厘米厚拍实，使成虫不能出土，待成虫羽化完毕及时撒土防止果树翻根。②在树冠下以干周半径1米范围内地面撒药，毒杀羽化成虫，可喷洒50%辛硫磷乳油1000倍液，20%氰戊菊酯乳油或2.5%溴氰菊酯乳油2000倍液等。

卵孵化盛期至低龄幼虫期药剂防治　喷洒25%除虫脲悬浮剂或50%杀螟硫磷乳油、25%灭幼脲乳油1000倍液，5.7%氟氯氰菊酯乳油3000倍液等。

06　苹果蠹蛾（图2-6-1至图2-6-6）

属鳞翅目小卷叶蛾科。又名食心虫。对内对外重要检疫对象。

分布与寄主

分布　新疆全境和甘肃敦煌。

寄主　桃、杏、苹果等果树。

危害特点　幼虫蛀食果实，多从果实胴部蛀入，深达果心食害种子，也蛀食果肉，虫粪排至果外，有时成串挂在果上，造成大量落果。

形态诊断　成虫：体长约8毫米，翅展19~20毫米，全体灰褐色，略带紫色金属光泽；前翅臀角大斑深褐色、具3条青铜色条纹，翅基部褐色、略成三角形、杂有颜色较深的波状斜行纹，翅中部淡褐色、杂有褐色斜纹。卵：椭圆形，直径1.2毫米左右。幼虫：体长14~18毫米，淡红色或红色。蛹：长7~10毫米。

发生规律　1年发生2~3代，以老熟幼虫作茧在树皮缝隙、分枝处和各种包装材料上越冬。在伊宁地区各代成虫发生期为：越冬代为5~6月；第一代为7~8月；第二代为9月。成虫昼伏夜出，有趋光性。成虫羽化后不久即可产卵，卵多散产于果树上层果实及叶片上，卵期5~25天。初孵幼虫多从果实梗洼处蛀入，苹果多从萼筒处、香梨从萼洼处蛀入，幼虫期30天左右，幼虫可转果危害。天敌有广赤眼蜂等。

防治方法

农业防治　对新疆外出的桃、杏、苹果、梨等果实及包装物，严格检疫，严防该虫传播；保持果园清洁，随时清理地下落果；冬春季刮刷老树皮，并用石灰水涂干，消灭越冬幼虫；树干基部束草把或破布，诱集幼虫入内化蛹捕杀之。

化学防治　在卵临近孵化时，喷洒2.5%溴氰菊酯乳油3000倍液或20%氰戊菊酯乳油3000倍液、10%氯氰菊酯乳油2000倍液、20%中西除虫菊酯乳油2000倍液等。

07　枯叶夜蛾（图2-7-1至图2-7-3）

属鳞翅目夜蛾科。又名通草木夜蛾。

分布与寄主

分布　全国各产区。

寄主　桃、柿、杏、苹果、柑橘、通草等植物。

危害特点　成虫刺吸果汁，幼虫吐丝缀叶潜伏危害。

形态诊断　成虫：体长35~38毫米，翅展96~106毫米，头胸部棕褐色，腹部杏黄色，触角丝状；前翅色似枯叶，从顶角至后缘内凹处有一黑褐色斜线，翅脉上有许多黑褐小点，翅基部及中央有暗绿色圆纹；后翅杏黄色，中部有1肾形黑斑，亚端区有1牛角形黑纹。卵：扁球形，直径1毫米左右，乳白色。幼虫：体长57~71毫米，头部红褐色，体黄褐或灰褐色；第一、二腹节常弯曲，第八腹节隆起，将七至十腹节连成山峰状；第二、三腹节亚背面各有1眼形斑，中黑并具月牙形白纹，各体节布有许多不规则白纹。蛹：长31~32毫米，红褐至黑褐色。

发生规律 1年发生2~3代，多以成虫越冬，温暖地区有以卵和中龄幼虫越冬的，发生期重叠。成虫多在7~8月危害，昼伏夜出，有趋光性，喜食香甜味浓的果实，7月前危害桃、杏等早中熟果实，后转危害柿、苹果、梨、葡萄等。成虫寿命较长，卵产于叶背；幼虫吐丝缀叶潜伏危害，老熟后缀叶结薄茧化蛹。

防治方法

农业防治 在果园四周挂有香味的烂果诱集，晚22：00后去捕杀成虫。

物理防治 设置高压汞灯，诱杀成虫。果实套袋防虫。

化学防治 ①防治成虫。用果醋或酒糟液加红糖适量配成糖醋液加0.1%晶体敌百虫几滴诱杀成虫；或用早熟的去皮果实扎孔浸泡在50倍敌百虫液中，一天后取出晾干，再放入蜂蜜水中浸泡半天，晚上挂在果园里诱杀取食成虫。②防治幼虫。在卵孵化盛期或低龄幼虫期喷洒5%顺式氰戊菊酯乳油或20%甲氰菊酯乳油2000倍液、50%杀螟硫磷乳油1000倍液、25%灭幼脲乳油1200倍液等。

08 白星花金龟（图2-8-1至图2-8-3）

属鞘翅目花金龟科。又名白纹铜花金龟、白星花潜、白星金龟子、铜克螂。

分布与寄主

分布 全国各产区。

寄主 柿、桃、杏、苹果、李、柑橘等果树。

危害特点 成虫主要危害花和果实，食花致花腐烂，果实近成熟时昼夜啃食果实，致果肉腐烂。幼虫俗称"蛴螬"，危害果树根系。

形态诊断 成虫：体长17~24毫米，宽9~12毫米，椭圆形，具古铜或青铜色光泽，体表散布众多不规则白绒斑；触角深褐色；前胸背板具不规则白绒斑；前胸背板后角与鞘翅前缘角之间有一个三角片甚显著；鞘翅宽大，近长方形，白绒斑多为横向波浪形；臀板短宽，每侧有3个白绒斑呈三角形排列。

发生规律 1年发生1代，以幼虫于土中越冬。成虫于5月上旬出现，6~7月为发生盛期，白天活动，有假死性，对酒醋味有趋性，飞翔力强，常群聚危害花、果，产卵于土中。幼虫多以腐败物为食，并危害根系。天敌有多种鸟类、深山虎甲、粗尾拟地甲、寄生蜂、寄生蝇、寄生菌等。

防治方法 此虫虫源来自多方，应以消灭成虫为主。

农业防治 早、晚张单震落成虫；果园施用腐熟有机肥，减少幼虫的发生。

生物防治 保护利用天敌。

物理防治 在距地面1~1.5米高的树枝上挂细口瓶，瓶里放入2~3个白星花金龟，引诱田间白星花金龟飞到瓶口附近爬行，并掉入瓶中，每亩挂瓶40~50个捕杀效果优异。

化学防治 成虫发生期树上喷洒52.25%蜱·氯乳油或50%杀螟硫磷乳油、45%马拉硫磷乳油1500倍液、48%哒嗪硫磷乳油1200倍液、20%甲氰菊酯乳油2000倍液。

09 桃蚜（图2-9-1至图2-9-4）

属同翅目蚜科。又名烟蚜、菜蚜。

分布与寄主

分布 全国各产区。

寄主 樱桃、桃、杏、李等果树。

危害特点 成虫、若虫群集芽、叶、嫩梢上刺吸汁液，被害叶向背面不规则的卷曲皱缩，排泄物易诱发煤污病发生或传播病毒病。

形态诊断 有翅胎生雌蚜体长1.6～2.1毫米，翅展6.6毫米，头胸部、腹管、尾片均黑色，腹部淡绿、黄绿、红褐至褐色变异较大；腹管细长圆筒形。无翅胎生雌蚜体长1.4～2.6毫米，宽1.1毫米，绿、黄绿、淡粉红至红褐色。卵：长椭圆形，长0.7毫米，初淡绿色后变黑色。若蚜：似无翅胎生雌蚜，淡粉红色，体较小；有翅若蚜胸部发达，具翅芽。

发生规律 北方1年发生20～30代，南方1年发生30～40代。北方以卵于樱桃、桃、李、杏等越冬寄主的芽旁、裂缝、小枝杈等处越冬。春季寄主萌芽时，越冬卵开始孵化，新孵化的蚜虫群集芽、叶背、嫩梢上危害、繁殖；5月上旬繁殖最快，危害最盛，并陆续产生有翅胎生雌蚜飞往果树、烟草、棉花、十字花科植物等夏寄主上危害繁殖；5月中旬以后樱桃、桃、苹果、梨等越冬寄主上基本绝迹；10月产生有翅蚜迁回越冬寄主上，并产生有性蚜，交配后产卵越冬。在南方桃蚜冬季也可行孤雌生殖。天敌有瓢虫、草蛉、食蚜蝇、蚜茧蜂、寄生蜂等。

防治方法

农业防治 冬春季修剪时剪除被害枝梢，集中烧毁；在桃树行间或果园附近，不宜种植烟草、白菜等农作物，及时清除桃园内外杂草，以减少蚜虫的夏季繁殖场所。

生物防治 尽量少喷洒广谱性农药，避免在天敌多的时期喷洒农药，利用天敌控制蚜虫的发生。

化学防治 ①果树休眠期，树体上喷洒50%丙硫磷乳油1000倍液或99%绿颖乳油（机油乳剂）100倍液杀越冬卵效果好，且对天敌安全。②春季越冬卵孵化后，果树未开花和卷叶前，及时喷洒50%辟蚜雾（抗蚜威）可湿性粉剂2000倍液或10%吡虫啉（一遍净）可湿性粉剂3000倍液、50%马拉硫磷乳剂1000倍液等。③花后至初夏，根据虫情可再喷药1～2次。

10 桃纵卷瘤头蚜（图2-10-1至图2-10-5）

属同翅目蚜科。又名桃瘤头蚜。

分布与寄主

分布　国内各产区。

寄主　桃、李、杏、樱桃等果树。

危害特点　成虫、若虫群集叶背刺吸汁液，致使叶缘向背面纵卷成管状，被卷处组织肥厚凹凸不平，初淡绿，后呈桃红色，严重时全叶卷曲很紧似绳状，终致干枯或脱落。

形态诊断　有翅胎生雌蚜：体长1.8毫米，翅展5.1毫米，浅黄褐色，触角丝状，略与体等长；腹管圆柱形，中部略膨大，有黑色覆瓦状纹；翅透明，脉黄色。无翅胎生雌蚜：体长约2毫米，头黑色，中胸两侧具小瘤状突起，腹部背面有黑色斑纹；体深绿、黄绿、黄褐等色，腹管同有翅胎生雌蚜。卵：椭圆形，黑色。若蚜：与无翅胎生雌蚜相似，体较小、淡黄或浅绿色，头部和腹管深绿色；有翅若蚜胸部发达，有翅芽。

发生规律　北方1年发生10余代，南方1年发生30余代，以卵在桃、樱桃等枝条的芽腋处越冬。南京地区3月上旬越冬卵开始孵化，3~4月大发生，4月底产生有翅蚜迁到夏寄主艾草等寄主上，10月下旬重返桃等果树上危害繁殖，11月上旬产生有性蚜交配产卵越冬。北方桃区5月始见蚜虫危害，6~7月大发生，并产生有翅胎生雌蚜迁飞至艾草等寄主上，10月又迁回桃、樱桃等果树上，产生有性蚜，交尾产卵越冬。天敌有瓢虫、草蛉、食蚜蝇、蚜茧蜂、寄生蜂等。

防治方法　参照桃纵卷瘤头蚜的防治方法。

11 桃粉蚜（图2-11-1至图2-11-3）

属同翅目蚜科。又名桃大尾蚜、桃粉绿蚜。

分布与寄主

分布　华北、华东、东北各桃区。

寄主　桃、杏、李等果树。

危害特点　成虫、若虫群集于新梢和叶背刺吸汁液，被害叶失绿并向叶背对合纵卷，卷叶内积有白色蜡粉，严重时叶片早落，嫩梢干枯。排泄蜜露常致煤污病发生。

形态诊断　有翅胎生雌蚜：体长2~2.1毫米，翅展6.6毫米左右，头胸部暗黄至黑色，腹部黄绿色，体被白蜡粉。触角丝状，腹管短小黑色，基部1/3收缩，尾片较长大，有6根长毛。无翅胎生雌蚜：体长2.3~2.5毫米，体绿色，被白蜡粉；腹管短小黑色；尾片长大，有曲毛5~6根。卵：椭圆形，长0.6毫米，黄绿至黑色。若蚜：体小，绿色，与无翅胎生雌蚜相似，被白粉；有翅若蚜有翅芽。

发生规律 1年发生10~20代，北京1年10余代，南昌1年20代。以卵在杏、桃等冬寄主的芽腋、裂缝及短枝叉处越冬，冬寄主萌芽时越冬卵开始孵化，产生无翅胎生雌蚜，群集于嫩梢、叶背危害繁殖。5~6月间繁殖最盛危害严重，大量产生有翅胎生雌蚜，迁飞至禾本科夏寄主上繁殖危害，10~11月产生有翅蚜，返回冬寄主上危害，并产生有性蚜交尾产卵越冬。

防治方法 参照桃纵卷瘤头蚜的防治方法。

⑫ 桃潜叶蛾（图2-12-1至图2-12-5）

属鳞翅目潜蛾科。又名桃潜蛾。

分布与寄主

分布 全国各地。

寄主 桃、樱桃、李、杏、苹果、山楂等果树。

危害特点 幼虫在叶肉里蛀食呈弯曲隧道，致叶片破碎干枯脱落。

形态诊断 成虫：体长3毫米，翅展8毫米左右，银白色，触角丝状；前翅白色，狭长，中室端部有一椭圆形黄褐色斑，外侧具黄褐色三角形端斑一个；后翅灰色缘毛长。卵：圆形，长0.5毫米，乳白色。幼虫：体长6毫米，淡绿色，头淡褐色，胸足短小，黑褐色，腹足极小。蛹：长3~4毫米，细长淡绿色。茧：长椭圆形，白色，两端具长丝，黏附叶背。

发生规律 河南1年发生7~8代，以蛹在被害叶上的茧内越冬，翌年4月桃展叶后成虫羽化。北京平谷1年发生6代，以成虫越冬。成虫昼伏夜出，卵散产在叶表皮内。孵化后在叶肉里潜食，初串成弯曲似同心圆状蛀道，常枯死脱落成孔洞，后线状弯曲也多破裂，粪便充塞蛀道中。幼虫老熟后钻出，多于叶背中部吐丝结茧，于内化蛹。5月上旬始见第一代成虫。后每20~30天完成一代。发生期不整齐，10~11月以成虫或以末代幼虫于叶上结茧化蛹越冬。

防治方法

农业防治 冬春季清除园内落叶和杂草，集中处理消灭越冬蛹和成虫。

化学防治 ①花前防治。桃树花芽膨大期，叶芽尚未开放，越冬代成虫已出蛰群集在主干或主枝上，及时喷洒90%晶体敌百虫1000倍液对压低当年虫口数量有决定性作用。②防治一代幼虫。樱桃树春梢展叶期，喷洒20%甲氰菊酯乳油或52.25%蜱·氯乳油1500~2000倍液、25%喹硫磷乳油1500倍液，5月下旬出蛾高峰期喷洒25%灭幼脲悬浮剂1500倍液。③8月中下旬叶面喷洒25%灭幼脲悬浮剂2000倍液或5%高效氯氰菊酯乳油1500倍液等。

13　桃斑蛾（图2-13-1至图2-13-4）

属鳞翅目斑蛾科。又名杏星毛虫、红褐星毛虫、梅黑透羽、杏叶斑蛾。

分布与寄主

分布　长江以北产区。

寄主　杏、山楂、桃、樱桃、李、梨、柿等果树。

危害特点　幼虫食芽、花、叶，早春蛰萌动的芽致枯死。寄主发芽后危害花、嫩芽和叶，食叶成缺刻和孔洞，重则吃光叶片。

形态诊断　成虫：体长7～10毫米，翅展21～23毫米，体黑褐色具蓝色光泽；翅半透明，布黑色鳞毛；雄虫触角羽毛状，雌虫短锯齿状。卵：椭圆形，长0.7毫米，初白色渐至黄褐色。幼虫：体长13～16毫米，近纺锤形，背暗赤褐色，腹面紫红色；头小黑褐色，大部分缩于前胸内，取食或活动时伸出；腹部各节具横列毛瘤6个，中间4个大，毛瘤中间生很多褐色短毛，周生黄白长毛。蛹：椭圆形，淡黄至黑褐色。茧：椭圆形，丝质稍薄淡黄色，外常附泥土、虫粪等。

发生规律　1年发生1代，以初龄幼虫在树皮缝、枝杈及贴枝叶下结茧越冬。寄主萌动时开始出蛰活动，先蛀芽，后危害蕾、花及嫩叶。3龄后白天下树，潜伏到树干基部附近的土、石块及枯草落叶下、树皮缝中，19：00后又上树取食叶片，拂晓又下树隐蔽。老熟幼虫于5月中旬开始在树干周围的各种植被下、皮缝中结茧化蛹，6月上旬成虫羽化交配产卵，多产在树冠中下部老叶背面，块生，每块有卵70～80粒；卵期10～11天。第一代幼虫于6月中旬始见，啃食叶片表皮或叶肉，被害叶呈纱网状斑痕，幼虫受惊扰吐丝下垂，于7月上旬结茧越冬。天敌有金光小寄蝇、常怯寄蝇、梨星毛虫黑卵蜂、潜蛾姬小蜂等。

防治方法

农业防治　果树休眠期彻底刮除树体粗皮、翘皮、剪锯口周围死皮，消灭越冬幼虫。幼虫发生期在树干基部铺瓦片、碎砖等诱集幼虫，集中杀灭。

生物防治　利用天敌防治。

化学防治　①于落叶后，用50%马拉硫磷乳油200倍液封闭剪锯口和树皮裂缝，可消灭大部分越冬幼虫。②幼虫危害期地面喷药，利用该虫白天下树潜伏的习性，在树干周围喷洒48%毒死蜱乳油500倍液或50%丙硫磷乳油800倍液。③树上喷药，卵孵化前后和低龄幼虫期喷洒50%马拉硫磷乳油或40%辛硫磷乳油1000倍液；2%氟丙菊酯乳油1000～2000倍液、20%氰戊菊酯乳油1500～2000倍液等。

14　桃天蛾（图2-14-1至图2-14-3）

属鳞翅目天蛾科。又名枣豆虫、枣桃六点天蛾。

分布与寄主

分布　全国多数产区。

寄主　枣、桃、杏、樱桃、李等果树。

危害特点　幼龄幼虫将叶片吃成孔洞或缺刻，随虫龄增大常将叶片吃掉大半甚至吃光。

形态诊断　成虫：体长36~46毫米，翅展82~120毫米。体、翅黄褐色至灰褐色；前胸背板棕黄色，腹部各节间有棕色横环；前翅有4条深褐色波状横带，后缘近后身处有1个黑斑，其前方有1个小黑点；后翅枯黄至粉红色，近臀角处有2个黑斑；前翅腹面粉红色，后翅腹面灰褐色。卵：椭圆形，长约1.6毫米，绿色有光泽。幼虫：体长80~84毫米，绿色或黄褐色；头部三角形，青绿色，每节两侧各有1条黄白色斜条纹，第八腹节背面后缘有1个很长的斜向后方的尾角。蛹：长约45毫米，黑褐色。

发生规律　在东北和华北部分地区1年发生1代，黄淮地区发生2代，以蛹在土中越冬。1代区，成虫于6月羽化，7月上旬出现幼虫，危害至9月份，老熟入土化蛹越冬。2代区，5月中旬至6月中旬羽化，第一代幼虫5月下旬至7月发生，第一代成虫7月发生。第二代幼虫7月下旬发生，危害至9月，入土化蛹越冬。成虫昼伏夜出，有趋光性。卵多产于树皮裂缝中。幼虫体大食量也大，暴食叶片。老熟幼虫多在树冠下疏松土中4~7厘米深处做土室化蛹。幼虫天敌有寄生蜂等。

防治方法

农业防治　冬春深翻树盘，利用低温或鸟食消灭土中越冬蛹。幼虫发生期经常检查，发现危害及时捕捉消灭。

物理防治　成虫发生期设置黑光灯诱杀成虫。

化学防治　在幼虫初孵期及时喷洒48%哒嗪硫磷乳油或50%杀螟硫磷乳油、70%马拉硫磷乳油1000倍液、20%氰戊菊酯乳油3000~3500倍液、52.25%蚰·氯乳油1500倍液等。

15　桃白条紫斑螟（图2-15-1）

属鳞翅目螟蛾科。又名桃白纹卷叶螟。

分布与寄主

分布　山西、河南等地。

寄主　桃、杏、李、樱桃等果树。

危害特点　幼虫食叶，初龄幼虫啮食下表皮和叶肉，稍大在梢端吐丝拉网缀叶成巢，常数头至十余头群集巢内食叶成缺刻与孔洞，随虫龄增长虫巢扩大，叶柄被咬断者呈枯叶于巢内，丝网上黏附许多粪粒。亦有单独卷缀叶片危害的。

形态诊断　成虫：体长8~10毫米，翅展18~20毫米，体灰至暗灰色，各腹节后缘淡黄褐色；触角丝状，雄虫鞭节基部有暗灰色至黑色长毛丛略呈球形；前翅暗紫色，基部2／5处有一条白横带；后翅灰色外缘色暗。卵：扁长椭圆形，长0.8~0.9毫米，淡黄白至淡紫红色。幼虫：体长15~18毫米，头灰绿有黑斑纹，体多为紫褐色，前胸盾灰绿色，背线宽黑褐色，两侧各具2条淡黄色云状纵线，臀板暗褐色或紫黑色。低、中龄幼虫体多淡绿绿色至绿色，头部有浅褐色云状纹，背线深绿色，两侧各有2条黄绿色纵线。蛹：长8~10毫米，头胸和翅芽翠绿色，腹部黄褐色，背线深绿色。茧：纺锤形，长11~13毫米，丝质灰褐色。

发生规律 1年发生2代，以茧蛹于树冠下表土层越冬，少数于皮缝和树洞中越冬。越冬代成虫5月上旬到6月中旬羽化，第一代成虫发生期7月上旬至8月上旬。成虫昼伏夜出有趋光性，卵多散产于枝条上部叶背近基部主脉两侧，单叶落卵多者10余粒，卵期15天左右。第一代幼虫5月下旬开始孵化，6月下旬开始老熟入土结茧化蛹，蛹期15天左右。第二代卵期10~13天，7月中旬开始孵化，8月中旬开始老熟入土结茧化蛹越冬。成虫寿命2~13天。天敌有赤眼蜂、寄生蜂等

防治方法

农业防治 冬春季翻耕树盘，利用低温、鸟食，消灭树冠下土层中的越冬蛹。

生物防治 保护利用天敌。

化学防治 卵孵化后及幼虫结网前，叶面喷洒50%马拉硫磷乳油或50%杀螟硫磷乳油1000倍液、10%氯菊酯乳油或乙氰菊酯乳油1000~1500倍液。

16 桃剑纹夜蛾（图2-16-1至图2-16-4）

属鳞翅目夜蛾科。又名苹果剑纹夜蛾。

分布与寄主

分布 全国各产区。

寄主 苹果、桃、樱桃、杏、山楂、梨、李、核桃等果树。

危害特点 幼龄幼虫群集叶背危害，取食上表皮和叶肉，仅留下表皮和叶脉，受害叶呈网状，幼虫稍大后将叶片食成缺刻或孔洞，并啃食果皮，果面上出现不规则的坑洼。

形态诊断 成虫：体长17~22毫米，翅展40~48毫米，体表被较长的鳞毛，体、翅灰褐色；前翅有3条与翅脉平行的黑色剑状纹，基部的1条呈树枝状，端部2条平行，外缘有1列黑点；触角丝状暗褐色；后翅灰白色，翅脉淡褐色；腹面灰白色，雄腹末分叉，雌较尖。卵：半球形，直径1.2毫米，白至污白色。幼虫：老熟幼虫体长38~40毫米，头红棕色布黑色斑纹，其余部分灰色略带粉红；

体背有1条橙黄色纵带，纵带两侧每节各有2个黑色毛瘤，其上着生黑褐色长毛，毛端黄白稍弯；第一腹节背面中央有1黑色柱状突起；胸足黑色，腹足俱全暗灰褐色。蛹：长约20毫米，棕褐色有光泽。

发生规律 1年发生2代，以茧蛹在土中或树皮缝中越冬。成虫于翌年5~6月间羽化。成虫昼伏夜出，有趋光性和趋化性，产卵于叶面。5月中下旬发生第一代幼虫，危害至6月下旬，吐丝缀叶，在其中结白色薄茧化蛹，第一代成虫于7月下旬至8月下旬发生。第二代幼虫于7月下旬至8月上中旬发生，9月中旬后化蛹越冬。天敌有桥夜蛾绒茧蜂等。

防治方法

农业防治 冬春翻树盘，消灭在土中越冬的蛹。

物理防治 成虫发生期设置糖醋液盆和黑光灯，诱杀成虫。

化学防治 幼虫发生期喷洒90%晶体敌百虫1000倍液或20%杀螟硫磷乳油2000倍液、20%甲氰菊酯乳油2000倍液、2.5%溴氰菊酯乳油3000倍液等。

17 桑剑纹夜蛾（图2-17-1至图2-17-3）

属鳞翅目夜蛾科。又名大剑纹夜蛾、桑夜蛾、香椿灰斑夜蛾。

分布与寄主

分布 全国各产区。

寄主 山楂、杏、香椿、桃、李、柑橘等果树和林木。

危害特点 幼虫食叶成缺刻或孔洞，重者吃光全树叶片。

形态诊断 成虫：体长27~29毫米，翅展62~69毫米；体深灰色，腹面灰白色；头部灰白色，触角丝状；前翅灰白色至灰褐色，剑纹黑色，翅基剑纹树枝状，端剑纹2条，肾纹外侧一条较粗短，近后缘一条较细长；环纹灰白色较小，肾纹灰褐色较大，均具黑边；后翅灰褐色。卵：扁馒头形，淡黄至黄褐色。幼虫：体长48~52毫米，体黑色，密被黄色长、短毛及粗针状黑色短刺毛，黑色短刺毛簇生于体背毛瘤上，其两侧及体侧为黄色，体侧毛瘤凸起较明显。蛹：长椭圆形，长24~28毫米，褐至黑褐色。茧：长椭圆形，灰白至土色。

发生规律 1年发生1代，以茧蛹于树下土中和石块缝隙中越冬。翌年7月上旬羽化，7月中下旬始产卵，卵期7天。7月下旬至8月上中旬幼虫孵化，幼虫期30~38天，老熟幼虫于9月上旬下树结茧化蛹。成虫昼伏夜出，具趋光性和趋化性。卵多产在枝条近端部嫩叶叶面上，数十至数百粒一块。初孵幼虫群集叶上啃食表皮、叶肉，致成缺刻或孔洞，仅留叶脉，随虫龄增大可把叶吃光，残留叶柄，有转枝、转株危害习性。天敌主要有桑夜蛾盾脸姬蜂。

防治方法

农业防治 冬春季翻树盘利用低温、鸟食，消灭越冬茧蛹。

物理防治　成虫发生期，设置黑光灯诱杀成虫；常检查及时捕杀群集幼虫。

化学防治　卵孵化盛期后施药最关键，可喷洒48%毒死蜱乳油或50%杀螟硫磷乳油、50%马拉硫磷乳油1000倍液、2.5%溴氰菊酯乳油、20%氰戊菊酯乳油3000～3500倍液、10%联苯菊酯乳油4000倍液或52.25%蜱·氯乳油1500倍液等。

⑱　梨剑纹夜蛾（图2-18-1至图2-18-4）

属鳞翅目夜蛾科。又名梨叶夜蛾。

分布与寄主

分布　全国产区。

寄主　梨、桃、杏、李、苹果、梅、山楂等果树。

危害特点　幼虫将叶片吃成孔洞、缺刻，重者将叶脉吃掉，仅留叶柄。

形态诊断　成虫：体长14～17毫米，翅展32～46毫米；头、胸部棕灰色，腹部背面浅灰色带棕褐色；前翅暗棕色有白色斑纹，上有4条横线，基部2条色较深，外缘有1列黑斑，翅脉中室内有1个圆形斑，边缘色深；后翅棕黄色至暗褐色；触角丝状。卵：半球形，赤褐色。幼虫：体长约33毫米，头黑色，体褐色至暗褐色，具大理石样花纹，背面有1列黑斑，中央有橘红色点；各节毛瘤较大，簇生褐色长毛。蛹：体长约16毫米，黑褐色。

发生规律　1年发生2代，以蛹在土中越冬。5月下旬至6月上旬越冬代成虫羽化。6～7月幼虫发生危害，6月中旬即有幼虫老熟在叶片上吐丝结黄色薄茧化蛹；第一代成虫在6月下旬发生。8月上旬出现第二代成虫，第二代幼虫危害到9月中下旬，陆续老熟后入土结茧化蛹。成虫昼伏夜出，有趋光性和趋化性；产卵于叶背或芽上，卵呈块状排列，卵期7～10天；幼龄幼虫群集嫩叶取食，后分散危害。

防治方法

农业防治　冬春翻树盘，消灭越冬蛹。

物理防治　成虫发生期用糖醋液或黑光灯、高压汞灯诱杀成虫。

化学防治　防治适期是各代幼虫发生初期，可喷洒50%杀螟硫磷乳油或50%辛硫磷乳油1000～1500倍液、20%氰戊菊酯乳油2000倍液、10%联苯菊酯乳油4000～5000倍液、20%除虫脲悬浮剂1000倍液。

⑲　蓝目天蛾（图2-19-1，图2-19-2）

属鳞翅目天蛾科。又名柳天蛾、柳目天蛾、柳蓝目天蛾。

分布与寄主

分布　除新疆、西藏未见报道外，其他各产区均有分布。

寄主　桃、樱桃、核桃、梅、苹果、葡萄等果树。

危害特点　低龄幼虫食成缺刻或孔洞，稍大常将叶片吃光，残留叶柄。

形态诊断　成虫：体长25～27毫米，翅展66～106毫米，体灰黄色，胸背中央具褐色纵宽带；触角栉状黄褐色；前翅外缘波状，翅基1/3色浅、穿过褐色内线向臀角突伸1长角，末端有黑纹相接，中室端具新月形带褐边的白斑，外缘顶角至中后部有近三角形大褐色斑1个；后翅浅黄褐色，中部具灰蓝或蓝色眼状大斑1个，周围青白色，外围黑色，其上缘粉红至红色。卵：椭圆形，长1.7毫米，绿色有光泽。幼虫：体长60～90毫米，黄绿或绿色，体表密布黄白色小颗粒，头顶尖，三角形，口器褐色；胸部两侧各具由黄白色颗粒构成的纵线1条；第一至第七腹节两侧具斜线；第八腹节背面中部具1密布黑色小颗粒的尾角，胸足红褐色。蛹：长35毫米左右，黑褐色，臀棘锥状。

发生规律　东北、华北1年发生2代，河南3代，均以蛹在土中越冬。2代区越冬蛹5月上旬至6月上旬羽化，交尾产卵，卵期约20天，第1代幼虫6月发生，7月老熟入土化蛹，蛹期20天左右，7月下旬至8月下旬羽化；第2代幼虫8月始发，9月老熟幼虫入土化蛹越冬。成虫昼伏夜出，具趋光性，卵多产于叶背，每雌可产卵300～400粒。幼虫在叶背或枝条上栖息，老熟后下树入土化蛹。天敌有小茧蜂等。

防治方法

农业防治　秋后至早春耕翻土壤，以消灭越冬蛹。幼虫发生期人工捕杀幼虫。

物理防治　成虫发生期黑光灯诱杀成虫。

化学防治　卵孵化盛期喷洒90%晶体敌百虫1000倍液或20%虫酰肼悬浮剂或50%杀螟硫磷乳油1500倍液、20%氰戊菊酯乳油2000～3000倍液、20%甲氰菊酯乳油2000倍液、2.5%三氟氯氰菊酯乳油或10%联苯菊酯乳油2000～2500倍液等。

20　小绿叶蝉（图2-20-1至图2-20-4）

属同翅目叶蝉科。又名桃叶蝉、桃小叶蝉、桃小绿叶蝉、桃小浮尘子等。

分布与寄主

分布　全国各产区。

寄主　桃、柿、梨、苹果、杏、葡萄、樱桃、柑橘等果树。

危害特点　成虫、若虫刺吸寄主汁液，被害叶初现黄白色斑点，渐扩大成片，严重时全叶苍白早落。

形态诊断　成虫体长3.3～3.7毫米，淡黄绿至绿色，复眼灰褐至深褐色，触角刚毛状；前胸背板、小盾片浅鲜绿色，常具白色斑点；前翅半透明，淡黄白色，周缘具淡绿色细边；后翅透明膜质；各足胫节端部以下淡青绿色，爪褐色；后足跳跃式；腹部背板色较腹板深，末端淡青绿色。卵：长椭圆形，0.6毫米×0.15毫米，乳白色。若虫：体长2.5~3.5毫米，与成虫相似。

发生规律　1年发生4~6代，以成虫在落叶、杂草或低矮绿色植物中越冬。翌年春桃、李、杏发芽后出蛰，飞到树上刺吸汁液。卵多产在新梢或叶片主脉里，卵期5~20天，若虫期10~20天，非越冬成虫寿命30天；完成一个世代40~50天。因发生期不整齐致世代重叠，6月虫口数量增加，8~9月最多且危害重，秋后以成虫越冬。成虫、若虫喜欢白天活动在叶背刺吸汁液或栖息。成虫善跳，可借风力扩散，旬均温15~25℃适其生长发育，28℃以上及连阴雨天气虫口密度下降。

防治方法

农业防治　冬春季清除园内落叶及杂草，减少越冬虫源。

化学防治　越冬代成虫迁入后，各代若虫孵化盛期及时喷洒40%辛硫磷乳油1500倍液或10%吡虫啉可湿性粉剂2500倍液、50%马拉硫磷乳油1500倍液、20%噻嗪酮乳油1000倍液、2.5%溴氰菊酯乳油或10%溴氰菊酯乳油2000倍液、50%抗蚜威超微可湿性粉剂3000~4000倍液防治。

㉑　桃黄斑卷叶虫（图2-21-1，图2-21-2）

属鳞翅目卷蛾科。又名桃黄斑卷叶蛾、桃黄斑长翅卷叶蛾。

分布与寄主

分布　长江以北产区。

寄主　桃、李、杏、山楂、苹果、梨等果树。

危害特点　幼龄幼虫食害嫩叶、新芽，稍大卷叶或平叠叶片或贴叶果面，食叶肉呈纱网状和孔洞；啃食贴叶果的果皮，至呈不规则形凹疤，多雨时常腐烂脱落。

形态诊断　成虫：有夏型和越冬型之分；体长约7毫米，翅展15~20毫米；前翅近长方形，顶角圆钝；夏型头胸背和前翅金黄色，其上散生银白色竖立鳞片，后翅和腹部灰白色；越冬型体较夏型稍大，体暗褐微带浅红，前翅上散生有黑色鳞片；后翅浅灰色。卵：扁椭圆形，直径约0.8毫米，乳白色至暗红色。幼虫：初龄幼虫体淡黄色，2~3龄为黄绿色，头、前胸背板及胸足都为黑色；成龄幼虫体长21毫米左右，黄绿至绿色，头部黄褐色，前胸盾黄绿色。蛹：体长9~11毫米，黑褐色。

发生规律　北方1年发生3~4代，以越冬型成虫在杂草、落叶间越冬，翌年3月开始活动，第一代卵于4月上中旬产于枝条或芽附近，一代幼虫孵后蛀食花芽及芽的基部后卷叶危害。以后各代幼虫均卷叶危害。世代重叠。成虫寿命越冬型5个多月，夏型仅有12天左右，单雌产卵80余粒，多散产于叶背。卵期一代约20

天，其他世代4~5天。幼虫3龄前食叶肉仅留表皮，3龄后咬食叶片成孔洞。幼虫期约24天，共5龄，老熟后转移卷新叶结茧化蛹，蛹期平均13天左右。天敌有赤眼蜂、黑绒茧蜂、瘤姬蜂、赛寄蝇等。

防治方法

农业防治　冬春季清除果园及附近的枯枝落叶和杂草，集中堆沤或烧毁；幼虫发生及时摘除卷叶。

生物防治　释放赤眼蜂等天敌防治。

化学防治　在各代卵孵化盛期及时施药，可用90%晶体敌百虫或50%丙硫磷乳油、48%哒嗪硫磷乳油、50%杀螟硫磷乳油、50%马拉硫磷乳油1000倍液、25%三氟氯氰菊酯乳或20%氰戊菊酯乳油3000~3500倍液、10%联苯菊酯乳油4000倍液或52.25%蚜·氯乳油1500倍液防治。

22　芽白小卷蛾（图2-22-1，图2-22-2）

属鳞翅目卷蛾科。又名顶梢卷叶蛾、顶芽卷蛾。

分布与寄主

分　布　除西藏、新疆未见报道外，其他各地均有分布。

寄　主　樱桃、桃、苹果、梨、李、杏、山楂等果树。

危害特点　幼虫危害新梢顶端，将叶卷成一团，食害新芽、嫩叶，生长点被食，新梢歪在一边，影响顶花芽形成及树冠扩大。

形态诊断　成虫：体长6~8毫米，翅展12~15毫米，淡灰褐色；触角丝状；前翅长方形，翅面有灰黑色波状横纹，前缘有数条并列向外斜伸的白色短线，后缘外侧1/3处有1块三角形的暗色斑纹，静止时并成菱形，外缘内侧前缘至臀角间有5~6个黑褐色平行短纹；后翅淡灰褐色。卵：扁椭圆形，长0.7微米，乳白至黄白色。幼虫：体长8~10毫米，体粗短，污白或黄白色；头、前胸盾、足和臀板均黑褐色；越冬幼虫淡黄色。蛹：长6~8毫米，黄褐色纺锤形。茧：黄白色，长椭圆形。

发生规律　黄淮地区1年发生3代，山东、华北、东北2代。均以2~3龄幼虫于被害梢卷叶团内结茧越冬，少数于芽侧结茧越冬。1个卷叶团内多为1头幼虫，亦有2~3头者。寄主萌芽时越冬幼虫出蛰转移到邻近的芽危害嫩叶，将数片叶卷在一起，并吐丝缀连叶背茸毛作巢潜伏其中，取食时身体露出。经24~36天老熟于卷叶内结茧化蛹。化蛹期大体为5月中旬至6月下旬，蛹期8~10天。各代成虫发生期：2代区为6月至7月上旬，7月中下旬到8月中下旬；3代区为6月、7月、8月。成虫昼伏夜出，趋光性不强，喜食糖蜜。卵多散产于顶梢上部嫩叶背面，尤喜产于茸毛多处。卵期6~7天。初孵幼虫多在梢顶卷叶危害。末代幼虫危害到10月中下旬，在梢顶卷叶内结茧越冬。

防治方法

农业防治　冬春剪除被害梢干叶团，集中烧毁或深埋；幼虫危害季节及时摘除卷叶团，消灭其中幼虫和蛹。

化学防治　越冬幼虫出蛰盛期及第一代卵孵化盛期是施药的关键时期，可用48%哒嗪硫磷乳油或50%马拉硫磷乳油、50%杀螟硫磷乳油1000倍液、25%三氟氯氰菊酯乳油或20%氰戊菊酯乳油、2.5%溴氰菊酯乳油3000～3500倍液、52.25%蚍·氯乳油1500倍液或10%联苯菊酯乳油4000倍液。

23　杏白带麦蛾（图2-23-1，图2-23-2）

属鳞翅目麦蛾科。又名环纹贴叶蛾、环纹贴叶麦蛾。

分布与寄主

分布　黄淮产区。

寄主　樱桃、桃、杏、李、苹果等果树。

危害特点　以幼虫吐白丝卷叶或黏缀两叶，幼虫潜伏其内食害叶肉，形成不规则斑痕，残留表皮和叶脉，日久变褐干枯。

形态诊断　成虫：体长7～8毫米，灰色，头胸背面银灰色；触角丝状，呈黑白相间环节状；前翅狭长披针形，灰黑色，后缘从翅基至端部纵贯银白色带1条，栖息时体背形成1条银白色3珠状纵带。后翅灰白色。幼虫：体长6～7毫米，头黄褐色；中胸至腹末各体节前半部淡紫红至暗红色，后半部浅黄白色，全体形似红、白环纹状。蛹：长4毫米，纺锤形。茧：长6～7毫米，长椭圆形，灰白色。

发生规律　1年发生3代。于10月中下旬以幼虫在枝干皮缝中结茧化蛹越冬。翌年4月下旬至5月中旬羽化。成虫活泼，多在夜间活动，卵多产在叶上。5月中下旬第一代幼虫出现，幼虫活泼爬行迅速，触动时迅速退缩，吐丝下垂，6月下旬陆续老熟在受害叶内结茧化蛹。

防治方法

农业防治　冬春刮树皮，集中处理消灭越冬蛹。

化学防治　幼虫危害期喷洒90%晶体敌百虫或50%杀螟硫磷乳油、50%辛硫磷乳油、48%哒嗪硫磷乳油1000倍液、10%联苯菊酯乳油4000倍液或52.25%蚍·氯乳油1500倍液等。

24　梅毛虫（图2-24-1至图2-24-6）

属鳞翅目枯叶蛾科。又名黄褐天幕毛虫、天幕枯叶蛾、天幕毛虫、带枯叶蛾。

分布与寄主

分布 全国各产区。

寄主 苹果、山楂、樱桃、桃、杏、梨、梅等果树。

危害特点 刚孵化幼虫群集于一枝，吐丝结成网幕，食害嫩芽、叶片，随生长渐下移至粗枝上结网巢，白天群栖巢上，夜出取食，严重时将全树叶片吃光。

形态诊断 成虫：雌体长18~22毫米，翅展37~43毫米，黄褐色；触角栉齿状；前翅中部有一条赤褐色宽横带，其两侧有淡黄色细线；雄体略小，触角双栉齿状，前翅中部有2条深褐色横线，两线间色稍深。卵：圆筒形，灰白色，200~300粒卵环结于小枝上黏结成一圈呈"顶针"状。幼虫：体长50~55毫米，头蓝色，有2个黑斑，体上有十多条黄、蓝、白、黑相间的条纹。蛹：椭圆形，体上有淡褐色短毛。茧：黄白色，表面附有灰黄粉。

发生规律 1年发生1代，以幼虫在卵壳中越冬，翌年树芽膨大，日均温达11℃时幼虫钻出，先在卵附近的芽及嫩叶上危害，后转到枝杈上吐丝结网成天幕，于夜间出来取食。4龄后分散全树，暴食叶片。幼虫期45天左右，成虫有趋光性。成虫产卵于小枝上。天敌主要有赤眼蜂、姬蜂、绒茧蜂等。

防治方法

农业防治 冬春季彻底剪除枝梢上越冬卵块。幼虫发生期发现幼虫群集天幕及时消灭。

生物防治 为保护卵寄生蜂，将卵块放天敌保护器中，使卵寄生蜂羽化飞回果园。

化学防治 幼虫初孵期施药是关键，可喷洒52.25%蜱·氯乳油2000倍液、50%杀螟硫磷乳油或50%马拉硫磷乳油1000倍液、2.5%氯氟氰菊酯乳油或2.5%溴氰菊酯乳油3000倍液、10%联苯菊酯乳油4000倍液等。

25 大袋蛾（图2-25-1至图2-25-3）

属鳞翅目袋蛾科。又名蓑衣蛾、大蓑蛾、避债蛾、布袋蛾、大背袋虫、大窠蓑蛾。

分布与寄主

分布 全国除新疆未见报道外，其他各产区均有发生。

寄主 石榴、梨、苹果、桃、李、杏、梅、葡萄、柑橘、枇杷、龙眼、茶、无花果等65种以上果木。

危害特点 幼虫食叶。幼虫吐丝缀叶成囊，隐藏其中，头伸出囊外取食叶片及嫩芽，啃食叶肉留下表皮，重者成孔洞、缺刻，直至将叶片吃光。

形态诊断 成虫：雌蛾无翅，体长12~16毫米，蛆状，头甚小，褐色，胸腹部黄白色；胸部弯曲，各节背部有背板，腹部大，在第四至七腹节周围有黄色绒毛。雄蛾有翅，体长11~15毫米，翅展22~30毫米，体和翅深褐色，胸部和腹部密被鳞毛；触角羽状；前翅翅脉两侧色深，在近翅尖处沿外缘有近方形透明斑一个，外缘近中央处又有长方形透明斑一个。卵：椭圆形，长约0.8毫米，豆黄色。幼虫：老熟幼虫体长16~26毫米。头黄褐色，具黑褐色斑纹，胸腹部肉黄色，背面中央色较深，略带紫褐色。胸部背面有褐色纵纹2条，每节纵纹两侧各有褐斑1个。腹部各节背面有黑色突起4个，排列成"八"字形。蛹：雌蛹体长14~18毫米，纺锤形，褐色；雄蛹体长约13毫米，褐色，腹末稍弯曲。护囊：枯枝色，橄榄形，成长幼虫的护囊，雌虫的长约30毫米，雄的长约25毫米，囊系以丝缀结叶片、枝皮碎片及长短不一的枝梗而成，枝梗不整齐地纵列于囊的最外层。

发生规律 黄淮产区1年发生1代，以幼虫在护囊内悬挂于枝上越冬。4月20日至5月25日为越冬幼虫化蛹高峰，5月30日至6月3日为成虫羽化盛期，从成虫羽化到产卵需2~3天，卵历期15~18天，卵孵化盛期在6月20~25日。幼虫孵化后从旧囊内爬出再结新囊，爬行时护囊挂在腹部末端，头胸露在外取食叶片，直至越冬。

防治方法

生物防治 应用大袋蛾多角体病毒（NPV）和苏云金杆菌（Bt）喷洒防治，30天内累计死亡率分别达77.6%~96.7%及82.7%~91%。保护利用天敌大腿小蜂、脊腿姬蜂和寄生蝇等。

农业防治 在幼虫越冬期摘除虫袋，碾压或烧毁。

化学防治 在7月5~20日，幼虫2~3龄期，虫囊长1厘米左右，采用90%晶体敌百虫或50%丙硫磷乳油1000倍液喷雾，防治效果达95%以上。

26 茶蓑蛾（图2-26-1至图2-26-8）

属鳞翅目蓑蛾科。又名小窠蓑蛾、小蓑蛾、小袋蛾、茶袋蛾、避债蛾、茶背袋虫。

分布与寄主

分布 全国各桃产区。

寄主 柿、桃、柑橘、石榴等100多种植物。

危害特点 幼虫在护囊中咬食叶片、嫩梢或剥食枝干、果实皮层，造成局部光秃。该虫喜集中危害。

形态诊断 成虫：雌蛾体长12~16毫米，足退化，无翅，蛆状，体乳白色；头小褐色；腹部肥大，体壁薄，能看见腹内卵粒。雄蛾体长11~15毫米，翅展22~30毫米，体翅暗褐色；触角双栉状；胸部、腹部具鳞毛；前翅翅脉两侧色略深，外缘中前方具近正方形透明斑2个。卵：椭圆形，0.8毫米×0.6毫米，浅黄色。幼虫：体长16~28毫米，头黄褐色，胸部背板灰黄白色，背侧具褐色纵纹2条，胸节背面两侧各具浅褐色斑1个；腹部棕黄色，各节背面均有"八"字形黑色小突起4个。蛹：雌蛹纺锤形，长14~18毫米，深褐色；雄蛹深褐色，长13毫米；护囊：纺锤形，枯枝色，成长幼虫的护囊，雌的长约30毫米，雄的约25毫米。囊系以丝缀结叶片、枝条碎片及长短不一的枝梗而成，枝梗整齐地纵裂于囊的最外层。

发生规律　贵州1年发生1代，华东地区年发生1~2代，台湾2~3代。以幼虫在枝叶上的护囊内越冬。翌春3月越冬幼虫开始取食，5月中下旬化蛹，6月上旬至7月中旬成虫羽化并产卵，卵期12~17天。第一代幼虫6~8月发生且危害重，幼虫期50~60天。第二代幼虫9月出现，危害至落叶越冬。幼虫孵化后先取食卵壳，后爬上枝叶或飘至附近枝叶上，吐丝黏缀碎叶营造护囊并开始取食。天敌有蓑蛾疣姬蜂、松毛虫疣姬蜂、桑蟥疣姬蜂、大腿蜂、小蜂等。

防治方法

农业防治　发现虫囊及时摘除，集中烧毁。

生物防治　注意保护利用寄生蜂等天敌昆虫。或喷洒每克含1亿活孢子的杀螟杆菌或青虫菌6号悬浮剂防治。

化学防治　掌握在幼虫初孵期喷洒90%晶体敌百虫或50%杀螟硫磷乳油1000倍液、2.5%溴氰菊酯乳油2000倍液、10%氟丙菊酯乳油1500倍液等。

27　黄刺蛾（图2-27-1至图2-27-13）

属鳞翅目刺蛾科。又名刺蛾、洋辣子、八角虫、八角罐、羊蜡罐、白刺毛等。

分布与寄主

分布　全国各桃产区。

寄主　柿、桃、杏、石榴、苹果等果树。

危害特点　低龄幼虫群集背面啃食叶肉，稍大把叶食成网状，随虫龄增大则分散取食，将叶片吃成缺刻，仅留叶柄和叶脉，重者吃光全树叶片。

形态诊断　成虫：体长13~16毫米，翅展30~34毫米；头和胸部黄色，腹背黄褐色；前翅内半部黄色，外半部为褐色，有两条暗褐色斜线，在翅尖上汇合于一点，呈倒"V"字形，内面一条伸到中室下角，为黄色与褐色的分界线。卵：椭圆形，黄绿色。幼虫：体长16~25毫米，头小，胸腹部肥大，呈长方形，似幼儿的娃娃鞋，黄绿色；体背有一两端粗中间细的哑铃形紫褐色大斑，和许多突起枝刺。蛹：椭圆形，长12毫米，黄褐色。茧：灰白色，质地坚硬，茧壳上有几道褐色长短不一的纵纹，形似雀蛋。

发生规律　1年发生2代，以老熟幼虫在树枝上结茧越冬。翌年5月上旬化蛹，5月中下旬至6月上旬羽化，成虫趋光性强，产卵于叶背面，数十粒连成一片；6月中下旬幼虫孵化，初孵幼虫喜群集危害，数头幼虫白天头向内形成环状静伏于叶背。6月下旬至7月上中旬幼虫老熟后，固贴在枝条上，做茧化蛹。7月下旬出现第二代幼虫，危害至9月初结茧越冬。天敌主要有上海青蜂和黑小蜂等。

防治方法

农业防治　冬春季剪除冬茧集中烧毁，消灭越冬幼虫。

生物防治　摘除冬茧时，识别青蜂（冬茧上端有一被寄生蜂产卵时留下的小孔）选出保存，来年放入果园天然繁殖杀灭虫茧。低龄幼虫期每亩用每克含孢子100亿的白僵菌粉0.5～1千克，在雨湿条件下喷雾防治效果好。

化学防治　卵孵化盛期至幼虫危害初期喷洒90%晶体敌百虫或40%马拉硫磷乳油1200倍液、25%灭幼脲悬浮剂1500倍液、20%除虫脲悬浮剂3000～4000倍液、1.8%阿维菌素2000～3000倍液、20%抑食肼可湿性粉剂800～1000倍液、20%虫酰肼悬浮剂1000～1500倍液、2.5%溴氰菊酯乳油3000～4000倍液、10%乙氰菊酯乳油2000倍液等。

28　白眉刺蛾（图2-28-1至图2-28-6）

属鳞翅目刺蛾科。又名杨梅刺蛾。

分布与寄主

分布　全国多数桃产区。

寄主　柿、桃、杏、石榴、核桃、枣等果树。

危害特点　幼虫危害叶片，低龄幼虫啃食叶肉，稍大把叶片食成缺刻或孔洞，重者仅留主脉。

形态诊断　成虫：体长8毫米，翅展16毫米左右，前翅乳白色，端部具浅褐色浓淡不均的云状斑。幼虫：体长7毫米左右，扁椭圆形，绿色，体背隆起呈龟甲状，头褐色，很小，缩于胸前，体上无明显刺毛，体背生2条黄绿色纵带纹，纹上具小红点。蛹：长4.5毫米，近椭圆形。茧：长5毫米，圆筒形，灰褐色。

发生规律　1年发生2～3代，以老熟幼虫在树杈或叶背结茧越冬。翌年4～5月化蛹，5~6月成虫羽化，7~8月进入幼虫危害期，成虫昼伏夜出，有趋光性。卵块产于叶背，每块有卵8粒左右，卵期7天，低龄幼虫在叶背取食，留下半透明的上表皮，随虫龄增大，把叶食成缺刻或孔洞，重者食完叶。8月下旬幼虫老熟，结茧越冬。

防治方法

农业防治　冬春季剪除冬茧集中烧毁，消灭越冬幼虫。

生物防治 摘除冬茧时，识别青蜂（冬茧上端有一被寄生蜂产卵时留下的小孔）选出保存，翌年放入果园天然繁殖寄杀虫茧。低龄幼虫期每亩用每克含孢子100亿的白僵菌粉0.5~1千克，在雨湿条件下喷雾防治效果好。

化学防治 卵孵化盛期至幼虫危害初期喷洒90%晶体敌百虫或40%马拉硫磷乳油1200倍液、25%灭幼脲悬浮剂1500倍液、20%除虫脲悬浮剂3000~4000倍液、1.8%阿维菌素2000~3000倍液、20%抑食肼可湿性粉剂800~1000倍液、20%虫酰肼悬浮剂1000~1500倍液、2.5%溴氰菊酯乳油3000~4000倍液、10%乙氰菊酯乳油2000倍液等。

29 丽绿刺蛾（图2-29-1至图2-29-8）

属鳞翅目刺蛾科。又名绿刺蛾。

分布与寄主

分布 全国各产区。

寄主 柿、桃、杏、石榴、苹果、梨、山楂、柑橘等果树和林木。

危害特点 以幼虫蚕食叶片，低龄幼虫群集叶背食叶成网状，重者食净叶肉，仅剩叶柄。

形态诊断 成虫：体长10~17毫米，翅展35~40毫米，触角雄蛾双栉齿状、雌蛾基部丝状；头顶、胸背绿色，腹部灰黄色；前翅绿色，肩角处有1块深褐色尖刀形基斑，外缘具深棕色宽带；后翅浅黄色，外缘带褐色。卵：扁平椭圆形，长径约1.5毫米，浅黄绿色。幼虫：体长25~27毫米，初龄时黄色，稍大转为粉绿色；从中胸至第八腹节各有4个瘤状突起，上生有黄色刺毛丛，第一腹节背面的毛瘤各有3~6根红色刺毛；腹部末端有4丛球状黑色刺毛；背中央具暗绿色带3条；两侧有浓蓝色点线。蛹：椭圆形，长约13毫米，黄褐色。茧：椭圆形，长约15毫米，暗褐色坚硬。

发生规律 1年发生2代，以老熟幼虫在树干上结茧越冬。翌年4月下旬至5月上旬化蛹，第一代成虫于5月末至6月上旬羽化，第一代幼虫于6月至7月发生；第二代成虫8月中下旬羽化，第二代幼虫于8月下旬至9月发生，至10月上旬在树干上结茧越冬。成虫有强趋光性，卵产于叶背，数十粒成块。初孵幼虫常7~8头群集取食，稍大后分散危害。幼虫体上的刺毛丛含有毒腺，人体皮肤接触后，常因毒液进入皮下而肿胀奇痛，故有"洋辣子"之称。天敌有爪哇刺蛾寄蝇等。

防治方法

农业防治 冬春季清洁果园消灭树枝上的越冬茧。及时摘除初孵幼虫群集危害的叶片消灭之，注意勿使虫体接触皮肤。

化学防治 卵孵化盛期至幼虫危害初期叶面喷洒90%晶体敌百虫或40%马拉

硫磷乳油1200倍液、25%灭幼脲悬浮剂1500倍液、20%除虫脲悬浮剂3000～4000倍液、1.8%阿维菌素2000～3000倍液、20%抑食肼可湿性粉剂800～1000倍液、20%虫酰肼悬浮剂1000～1500倍液、2.5%溴氰菊酯乳油3000～4000倍液、10%乙氰菊酯乳油2000倍液等。

㉚ 褐边绿刺蛾（图2-30-1至图2-30-5）

属鳞翅目刺蛾科。又名青刺蛾、褐缘绿刺蛾、四点刺蛾、曲纹绿刺蛾，幼虫俗称"洋辣子"。

分布与寄主

分布　全国各产区。

寄主　柿、山楂、桃、杏、苹果、石榴、柑橘等果树。

危害特点　低龄幼虫取食叶的下表皮和叶肉，留下上表皮，致叶片呈不规则黄色斑块，大龄幼虫食叶成孔洞和缺刻，重者吃光全叶，仅留主脉。

形态诊断　成虫：体长16毫米，翅展38～40毫米；触角雄蛾栉齿状，雌蛾丝状；头、胸、背绿色，胸背中央有一棕色纵线，腹部灰黄色；前翅绿色，基部有暗褐色大斑，外缘为灰黄色宽带；后翅灰黄色。卵：扁椭圆形，长1.5毫米，黄白色。幼虫：体长25～28毫米，初龄黄色，稍大黄绿至绿色，中胸至第八腹节各有4个瘤状突起，上生青色刺毛束，腹末有4个毛瘤丛生蓝黑球状刺毛；背线绿色，两侧有深蓝色点。蛹：椭圆形，长13毫米，黄褐色。茧：椭圆形，长16毫米，暗褐色坚硬。

发生规律　1年发生1～3代，以前蛹于茧内在树干基部浅土层或枝干上越冬。1代区6月上中旬至7月中旬越冬成虫羽化，6月下旬至9月幼虫发生危害，8月危害最重，8月下旬后幼虫陆续结茧越冬。2代区5月中旬越冬代成虫羽化，第一代幼虫6～7月发生，第一代成虫8月中下旬羽化；第二代幼虫8月下旬至10月中旬发生，10月上旬幼虫结茧越冬。成虫昼伏夜出，有趋光性。卵多产于叶背主脉附近，数十粒呈鱼鳞块状排列，卵期7天左右。幼龄群集，稍大后分散。天敌有紫姬蜂和寄生蝇。

防治方法

生物防治　秋冬季摘虫茧，放入细纱笼内，保护和引放寄生蜂。低龄幼虫期每亩用每克含孢子100亿的白僵菌粉0.5～1千克，在雨湿条件下喷雾防治效果好。

农业防治　幼虫群集危害期人工捕杀，注意手不要碰到幼虫毒毛。

物理防治　利用黑光灯诱杀成虫。

化学防治　幼虫发生期及时喷洒90%晶体敌百虫或50%马拉硫磷乳油、50%杀螟硫磷乳油等1000倍液、50%辛硫磷乳油1500倍液、10%联苯菊酯乳油3000

倍液、2.5%鱼藤酮300~400倍液等。

31　扁刺蛾（图2-31-1至图2-31-7）

属鳞翅目刺蛾科。又名黑点刺蛾、黑刺蛾。

分布与寄主

分布　全国各桃产区。

寄主　柿、桃、杏、石榴、苹果、柑橘等果树。

危害特点　初孵幼虫群集叶背啃食叶肉，使叶片仅留透明的上表皮。随虫龄增大，食叶成空洞和缺刻，重者食光叶片。

形态诊断　成虫：体长13~18毫米，翅展28~35毫米；体暗灰褐色，腹面及足色较深；触角雌丝状，雄羽状；前翅灰褐稍带紫色，中室外侧有1条明显的暗斜纹，自前缘近顶角处向后缘斜伸；雄蛾中室上角有1个黑点；后翅暗灰褐色。卵：扁平椭圆形，长1.1毫米，淡黄绿至灰褐色。幼虫：体长21~26毫米，宽16毫米，体扁，椭圆形，背部稍隆起，形似龟背；全体绿色、黄绿色或淡黄色，背线白色；体边缘有10个瘤状突起，其上生有长刺毛，第四节背面两侧各有1个红点。蛹：长10~15毫米，近椭圆形，乳白至黄褐色。茧：椭圆形，长12~16毫米，紫褐色。

发生规律　1年发生1~3代，以老熟幼虫在树下3~6厘米土层内结茧以前蛹越冬。1代区6月上旬羽化、产卵，6月中旬至9月上中旬幼虫发生危害。2~3代区5月中旬至6月上旬羽化；第一代幼虫5月下旬至7月中旬发生；第二代幼虫7月下旬至9月中旬发生；第三代幼虫9月上旬至10月发生，均以老熟幼虫入土结茧越冬。卵多散产于叶面上，卵期7天左右。低龄幼虫啃食叶肉，留下一层表皮，大龄幼虫取食全叶，虫量多时，常从枝的下部叶片吃至上部，每枝仅存顶端几片嫩叶。

防治方法

农业防治　冬春季耕翻树盘，利用低温和鸟食消灭土中越冬的虫茧。

生物防治　喷洒青虫菌6号悬浮剂1000倍液，杀虫保叶。

化学防治　卵孵化盛期和低龄幼虫期喷洒30%杀虫双水剂1500~2000倍液或80%杀螟丹可溶性粉剂2000倍液、50%辛硫磷乳油或45%马拉硫磷乳油1000倍液、5%顺式氰戊菊酯乳油2000倍液等。

32　金毛虫（图2-32-1至图2-32-6）

属鳞翅目毒蛾科。又名桑斑褐毒蛾、纹白毒蛾、桑毒蛾、黄尾毒蛾、黄尾白毒蛾等。

分布与寄主

分布　全国产区。

寄主　柿、山楂、桃、杏、苹果、石榴、樱桃等果树和林木。

危害特点　初孵幼虫群集叶背面取食叶肉，仅留透明的上表皮，稍大后分散危害，将叶片吃成大的缺刻，重者仅剩叶脉，并啃食幼果和果皮。

形态诊断　成虫：雌体长14～18毫米，翅展36～40毫米；雄体长12～14毫米，翅展28～32毫米；全体及足白色；触角双栉齿状；雌、雄蛾前翅近臀角处有褐色斑纹，雄蛾前翅在内缘近基角处还有一个褐色斑纹。卵：直径0.6～0.7毫米，淡黄色，上有黄色绒毛。幼虫：体长26～40毫米，头黑褐色，体黄色，背线红色；体背面有一橙黄色带，带中央贯穿一红褐间断的线；前胸背面两侧各有一红色瘤，其余各节背瘤黑色，瘤上生黑色长毛束和白色短毛。蛹：长9～11.5毫米。茧：长13～18毫米，椭圆形，淡褐色。

发生规律　1年发生2～6代，以幼虫结灰白色薄茧在枯叶、树杈、树干缝隙及落叶中越冬。2代区翌年4月开始危害春芽及叶片。一、二、三代幼虫危害高峰期主要在6月中旬、8月上中旬和9月上中旬，10月上旬前后开始结茧越冬。成虫昼伏夜出，产卵于叶背，形成长条形卵块，卵期4～7天。每代幼虫历期20～37天。幼虫有假死性。天敌主要有黑卵蜂、矮饰苔寄蝇、桑毛虫绒茧蜂等。

防治方法

农业防治　冬春季刮刷老树皮，清除园内外枯叶杂草，消灭越冬幼虫。在低龄幼虫集中危害时，摘虫叶灭虫。

生物防治　掌握在2龄幼虫高峰期，喷洒多角体病毒，每毫升含15000颗粒的悬浮液，每亩喷洒20升。

化学防治　幼虫分散危害前，及时喷洒2.5%溴氰菊酯乳油或20%氰戊菊酯乳油3000倍液、10%联苯菊酯乳油4000～5000倍液、52.25%蜱·氯乳油2000倍液、50%辛硫磷乳油1000倍液、10%吡虫啉可湿性粉剂2500倍液。

33　茸毒蛾（图2-33-1至图2-33-8）

属鳞翅目毒蛾科。又名苹毒蛾、苹红尾蛾、纵纹毒蛾。

分布与寄主

分布　全国各产区。

寄主　柿、桃、杏、草莓、石榴、李、山楂、枇杷等果树和林木。

危害特点　幼虫食量大，危害时间长，食叶成缺刻或孔洞。局部地区易大发生，危害重。

形态诊断　成虫：雄蛾翅展35～45毫米，雌蛾45～60毫米；头、胸部灰褐色；触角栉齿状；腹部灰白色；雄蛾前翅灰白色，有黑色及褐色鳞片；后翅白色带黑褐色鳞片和毛。卵：扁圆形，浅褐色。幼虫：体长45~52毫米，体浅黄色至淡紫红色；体腹面浅黑色；体背各节生有黄色毛瘤，上面簇生浅黄色长毛；第一至四腹节背面各具1簇黄色刷状毛；第一、二腹节背面的节间有一深黑色大斑；第八腹节背面有1束向后斜伸的棕黄色至紫红色毛；幼虫具假死性。蛹：浅褐色。

发生规律　1年发生1~3代，以蛹越冬。翌年4月下旬羽化，一代幼虫5至6月上旬发生，二代幼虫6月下旬至8月上旬发生，三代幼虫8月中旬至11月中旬发生，越冬代蛹期约6个月。黄淮产区二、三代发生重。卵块产在叶片和枝干上，每块卵20~300粒。幼虫历期20~50天，老熟幼虫将叶卷起结茧。天敌主要有毒蛾黑瘤姬蜂、蚂蚁、食虫蝽类等。

防治方法

农业防治　冬春清园内枯枝落叶集中销毁，消灭越冬虫源。

化学防治　卵孵化盛期至低龄幼虫期，叶面喷洒25%灭幼脲悬浮剂2000倍液或90%晶体敌百虫1000倍液、25%溴氰菊酯乳油2000倍液、20%戊菊酯乳油1500~2000倍液。

34　绿盲蝽（图2-34-1，图2-34-2）

属半翅目盲蝽科。又名花叶虫、小臭虫、棉青盲蝽、青色盲蝽、破叶疯、天狗蝇等。

分布与寄主

分布　全国各桃产区。

寄主　葡萄、石榴、桃、草莓、桑、棉花、麻类、苹果、梨、杏、李、梅、山楂等。

危害特点　成虫、若虫刺吸寄主汁液，受害初期叶面呈现黄白色斑点，渐扩大成片，成黑色枯死斑，造成大量破孔、皱缩不平的"破叶疯"。孔边有一圈黑纹，叶缘残缺破烂，叶卷缩畸形，叶早落。严重时腋芽、生长点受害，造成腋芽丛生。

形态诊断　成虫：体长5毫米，宽2.2毫米，绿色，密被短毛。头部三角形，黄绿色，复眼黑色突出，无单眼，触角4节丝状，较短，约为体长2/3，第二节长等于三、四节之和，向端部颜色渐深，第一节黄绿色，第四节黑褐色。前胸背板黄绿色，布许多小黑点，前缘宽。小盾片三角形微突，黄绿色，中央具1浅纵纹。前翅膜片半透明暗灰色，余绿色。足黄绿色，胫节末端、跗节色较深，后足腿节末端具褐色环斑，雌虫后足腿节较雄虫短，不超腹部末端，跗节3节，末端黑色。卵：长1毫米，黄绿色，长口袋形，卵盖奶黄色，中央凹陷，两端突起，边缘无附属物。若虫：共5龄，与成虫相似。初孵时绿色，复眼桃红色；2龄黄褐色；3龄出现翅芽；4龄翅芽超过第一腹节；5龄后全体鲜绿色，密被黑色细毛，触角淡黄色，端部色渐深。

发生规律 北方1年发生3~5代，山西运城4代，陕西、河南5代，江西6~7代，以卵在树皮裂缝、树洞、枝杈处及近树干土中越冬。翌春3~4月，旬均温高于10℃或连续日均温达11℃，相对湿度高于70%，卵开始孵化。成虫寿命长，产卵期30~40天，发生期不整齐。成虫飞行力强，喜食花蜜，羽化后6~7天开始产卵。非越冬代卵多散产在嫩叶、茎、叶柄、叶脉、嫩蕾等组织内，外露黄色卵盖，卵期7~9天。以春、秋两季受害重。主要天敌有寄生蜂、草蛉、捕食性蜘蛛等。

防治方法

农业防治 冬春清理园中枯枝落叶和杂草，刮刷树皮、树洞，消除寄主上的越冬卵。

化学防治 于3月下旬至4月上旬越冬卵孵化期，4月中下旬若虫盛发期及5月上中旬初花期3个关键期喷洒20%氰戊菊酯乳油2500倍液或48%哒嗪硫磷乳油1500倍液、52.25%蝉·氯乳油2000倍液。

㉟ 黄色卷蛾（图2-35-1至图2-35-3）

属鳞翅目卷蛾科。又名苹果大卷叶蛾。

分布与寄主

分布 长江以北产区。

寄主 樱桃、桃、杏、李、苹果、梨等果树。

危害特点 以幼虫危害嫩芽、花蕾、叶片和果实。幼虫卷叶危害，将叶片吃成孔洞和缺刻。

形态诊断 成虫：体长11~13毫米，雄虫翅展19~24毫米，雌虫翅展23~34毫米；翅黄褐色或暗褐色，前翅近基部1/4处和中部自前缘向后缘有2条浓褐色斜宽带；雄虫前翅基部有前缘褶，翅基部1/3处靠后缘有1黑色小圆点。卵：椭圆形，黄绿色。幼虫：体长23~25毫米，深绿色稍带灰白色，头和前胸背板黄褐色，前胸背板后缘黑褐色，体背毛瘤较大，刚毛细长，臀栉5根。蛹：长10~13毫米，红褐色。

发生规律 1年发生2代，以幼龄幼虫结白色薄茧在树干翘皮下和剪锯口等处越冬。翌春果树花芽开绽时，幼虫出蛰危害嫩叶，稍大后卷叶危害。老熟幼虫在卷叶内化蛹，6月上中旬越冬代成虫发生。成虫昼伏夜出，趋光性和趋化性不强。成虫产卵于叶上，数十粒排列成鱼鳞状卵块，卵期5~8天。低龄幼虫多在叶背啃食叶肉，稍大后卷叶危害，有吐丝下垂的习性。6月下旬至7月上旬第一代幼虫发生，8月上中旬第一代成虫发生，8月下旬第二代幼虫发生，危害一段时间后结茧越冬。天敌有赤眼蜂、甲腹茧蜂等。

防治方法

农业防治　冬春季彻底刮除树体粗皮、翘皮、剪锯口周围死皮，消灭越冬幼虫。生长季节及时摘除卷叶。

生物防治　幼虫发生期，隔株或隔行释放赤眼蜂，每代放蜂3~4次，间隔5天，每株放有效蜂1000~2000头。

化学防治　越冬幼虫出蛰盛期及第一代卵孵化盛期是施药的关键期，可喷洒48%哒嗪硫磷乳油或50%杀螟硫磷乳油、50%马拉硫磷乳油1000倍液、20%氰戊菊酯乳油3000倍液、5%氯氰菊酯乳油3000倍液等。

36　苹果小卷叶蛾（图2-36-1至图2-36-5）

属鳞翅目卷蛾科。又名苹果小卷蛾、棉褐带卷蛾、苹卷蛾、棉卷蛾。

分布与寄主

分　布　全国除西藏未见报道外，其他各产区均有分布。

寄　主　苹果、山楂、桃、杏、李、樱桃、梨等果树和林木。

危害特点　幼虫吐丝将2~3片叶连缀一起，并在其中危害，将叶片吃成缺刻或网状；被害果表面呈现形状不规则的小坑洼，尤其果、叶相贴时，受害较多。

形态诊断　成虫：体长6~8毫米，翅展13~23毫米，淡棕色或黄褐色；前翅自前缘向后缘有2条深褐色斜纹；后翅淡灰色；雄虫较雌虫体小，体色较淡，前翅基部有前缘褶。卵：椭圆形，淡黄色。幼虫：体长13~15毫米，头和前胸背板淡黄色，老龄幼虫翠绿色。蛹：长9~11毫米，黄褐色。

发生规律　1年发生3~4代，以2龄幼虫结白色薄茧在剪锯口、树皮裂缝、翘皮下越冬。翌年果树发芽后出蛰，取食嫩芽、幼叶，稍大吐丝缀叶，潜伏其中危害，幼虫极活泼，遇惊扰急剧扭动身体吐丝下垂。成虫发生盛期在6月中旬，昼伏夜出，有较强的趋化性和微弱的趋光性，对糖醋液或果醋趋性甚烈。卵产于叶面或果面较光滑处，数十粒排列成鱼鳞状卵块，卵期7天左右。第一代幼虫发生期在7月中下旬，第二代幼虫发生期在8月下旬至9月上旬，第三代幼虫于9月上旬至10月上旬危害一段时间后越冬。天敌有赤眼蜂等。

防治方法

农业防治　冬春季刮除树干上剪锯口等处的翘皮，消灭越冬幼虫。生长季节，发现卷叶后及时用手捏死其中的幼虫。

生物防治　在产卵盛期释放赤眼蜂于果园，消灭虫卵。

化学防治　①冬春季用80%敌敌畏乳油200倍液涂抹剪锯口，消灭越冬幼虫。②在越冬幼虫出蛰期和各代幼虫发生初期，喷洒50%辛硫磷乳油1500倍液或50%杀螟硫磷乳油1000倍液、48%毒死蜱乳油或52.25%蜱·氯乳油2000倍液、2.5%溴氰菊酯乳油3000倍液等。

37 美国白蛾（图2-37-1至图2-37-7）

属鳞翅目灯蛾科。国内外重要的检疫对象。

分布与寄主

分布　全国许多产区有发生。

寄主　柿、桃、枣、杏、苹果、山楂、李、石榴、梨等200多种植物。

危害特点　以幼虫群集结网，并在网内食害叶肉，残留表皮。网幕随幼虫龄期增长而扩大，长的可达1.5米以上。幼虫5龄后出网分散危害，严重时整株叶片被吃光。

形态诊断　成虫：体长12~17毫米，白色；雄虫触角双栉齿状，黑色；越冬代成虫前翅上有较多的黑色斑点，第一代成虫翅面上的斑点较少；雌虫触角锯齿状，前翅翅面很少有斑点。卵：近球形，直径0.57毫米，灰褐色。幼虫：体长28~35毫米；头黑色具光泽，体色黄绿色至灰黑色，变化较大，背部两侧线之间有1条灰褐色宽纵带；背部毛瘤黑色，体侧毛瘤橙黄色，毛瘤上生有灰白色长毛。蛹：长8~15毫米，暗红色。

发生规律　1年发生2代，以蛹于茧内在枯枝落叶中、墙缝、表土层、树洞等处越冬。翌年5月上旬出现成虫。第一代幼虫发生期6月上旬至7月下旬，第二代幼虫发生期8月中旬至9月中旬。成虫常300~500粒成块产卵于叶片背面，单层排列，卵期约7天，幼虫孵化后短时间即吐丝结网，群集网内危害，4龄后分散危害，幼虫期35~42天；幼虫老熟后下树寻找适宜场所结薄茧化蛹越冬。

防治方法

农业防治　清除园中落叶杂草，冬春翻树盘，消灭越冬蛹。

化学防治　防治的关键时期是第一代幼虫发生期和其他各代幼虫发生初期。可喷洒50%杀螟硫磷乳油1000倍液或90%晶体敌百虫1000~1500倍液、20%氰戊菊酯乳油3000倍液、20%辛·阿维乳油1000倍液等。

38 人纹污灯蛾（图2-38-1至图2-38-6）

属鳞翅目灯蛾科。

分布与寄主

分布　全国多数果产区。

寄主　桃、杏、李、苹果等果树。

危害特点　幼虫以危害叶片为主，重者吃光叶片，仅剩叶脉或叶柄。食料缺乏时，也啃害果皮。

形态诊断　成虫：体长约20毫米，翅展40~60毫米，前翅黄白色，基部有1个小黑点，前翅中部有1列黑色线点，停息时两翅合拢，黑点形成似"人"字形纹。卵：灰白色。幼虫：体长46~55毫米，黄褐色，体被黄色长毛。蛹：体长18毫米，深褐色，外被幼虫体毛和丝织成的虫茧。

发生规律　1年发生2代，在地表落叶或浅土中以蛹结茧越冬。翌年5月羽化，卵成块产于叶背，单层排列成行，每块数十粒至上百粒。第一代幼虫6月下旬至7月下旬发生，第一代成虫7~8月发生。第二代幼虫8~9月发生，发生量大危害重，10月幼虫老熟结茧化蛹越冬。成虫有趋光性。初孵幼虫群集叶背取食，3龄后分散危害，爬行速度快，受惊后落地假死，蜷缩成环。

防治方法

农业防治　冬季清园，消灭越冬蛹。成虫发生期灯光诱杀成虫，幼虫集中危害期及时摘除有虫叶片。

化学防治　幼虫初孵期喷洒20%氰戊菊酯乳油2000倍液或95%晶体敌百虫1000倍液、40%辛硫磷乳油1200倍液。

③⑨　山楂叶螨（图2-39-1至图2-39-7）

属蜱螨目叶螨科。又名山楂红蜘蛛。

分布与寄主

分布　全国各产区。

寄主　梨、苹果、山楂、樱桃、桃、杏、李等果树。

危害特点　以幼螨、若螨、成螨危害芽、叶、果，常群集在叶片背面的叶脉两侧拉丝结网，在网下刺吸叶片的汁液。被害叶片出现失绿斑点，渐变成黄褐色或红褐色、枯焦乃至脱落。

形态诊断　成螨：雌成螨椭圆形，0.45毫米×0.28毫米，深红色；体背前端稍隆起，后部有横向的表皮纹；刚毛较长；足4对，淡黄色；冬型雌成螨鲜红色，夏型雌成螨深红色。雄成螨体长0.43毫米，末端尖削，浅黄绿至浅绿色，体背两侧各有1个大黑斑。卵：圆球形，浅黄白至橙黄色。幼螨：3对足，体圆形，初黄白色渐变为浅绿色，体背两侧具深绿色斑纹。若螨：4对足，淡绿至浅橙黄色，体背出现刚毛，两侧有黑绿色斑纹，后期可区分雌雄。

发生规律　1年发生6~10代，以受精雌成螨在树皮缝隙内越冬。果树萌芽期，越冬雌成螨开始出蛰，爬到花芽上取食危害，果树落花后，成螨在叶片背面危害，这一代发生期比较整齐，以后各世代重叠。6~7月份高温干旱季节适于叶螨发生，为全年危害高峰期。进入8月份，雨量增多，湿度增大，加上害螨天敌的影响，危害减轻。8月下旬后越冬型雌成螨陆续发生，10月害螨全部越冬。天敌有捕食螨等。

防治方法

农业防治　冬春季刮除树干上的老翘皮，消灭越冬雌成螨。

生物防治　果园内自然天敌种类很多，应尽量减少喷药次数，利用天敌控制害螨发生。

化学防治　防治的关键期在果树萌芽期和第一代若螨发生期（果树落花后）。①发芽前，喷洒3~5波美度的石硫合剂或含油3~5%的柴油乳剂等。②果树萌芽期，喷洒50%硫黄悬浮剂200~400倍液或5%噻螨酮乳油1500倍液等。③若螨发生期喷洒20%四螨嗪悬浮剂或15%哒螨灵乳油2000倍液、1.8%阿维菌素乳油4000倍液等。

40　二斑叶螨（图2-40-1，图2-40-2）

属真螨目叶螨科。又名白蜘蛛、二点叶螨、棉叶螨、棉红蜘蛛。

分布与寄主

分布　全国各地。

寄主　桃、李、杏、樱桃等200余种果、菜和农作物。

危害特点　以成螨、若螨在叶背吸食叶片汁液。被害叶片初期仅在中脉附近出现失绿斑点，后叶面结橘黄色至白色丝网，危害重时叶焦枯，状似火烧状，甚至叶脱落。

形态诊断　雌成螨：椭圆形，长约0.5毫米，灰绿色或黄绿色；体背面两侧各有1个褐色斑块，斑块外侧呈不明显的3裂；越冬型雌成螨体为橙黄色，褐斑消失；雄成螨身体呈菱形，长约0.3毫米，黄绿色或淡黄色。卵：圆球形，直径约0.1毫米，白色至淡黄色，孵化前出现2个红色眼点。幼螨：近球形，黄白色，复眼红色，足3对。若螨：椭圆形，黄绿色，体背显现褐斑，足4对。

发生规律　1年发生10余代。以雌成螨在树干翘皮下、粗皮缝隙中、杂草、落叶中及土缝内越冬。春季当日平均气温上升到10℃时，越冬雌成螨出蛰，先在花芽上取食危害，产卵于叶片背面，幼螨孵化后即可刺吸叶片汁液。在6月份以前，害螨在树冠内膛危害和繁殖。在树下越冬的雌螨出蛰后先在杂草或果树根蘖上危害繁殖，6月后向树上转移。7月害螨逐渐向树冠外围扩散，繁殖速度加快。成螨吐丝结网，并产卵其上，也借此进行传播。害螨在夏季高温季节繁殖速度快，各虫态世代重叠。10月雌成螨越冬。天敌有中华草蛉、小花蝽、异色瓢虫、深点食螨瓢虫等。

防治方法

农业防治　及时清除果园杂草，深埋或烧毁，消灭草上的叶螨。

生物防治　在果园种植紫花苜蓿或三叶草，吸引害螨的天敌繁殖生活，可有效控制害螨发生。

化学防治　在害螨发生期，选用10%浏阳霉素乳油1000倍液或1.8%阿维菌素乳油4000倍液、5%唑螨酯乳油2500倍液、15%哒螨灵乳油2000倍液、25%苯丁锡可湿性粉剂1500倍液喷雾。喷药要均匀周到，以叶片背面为主。

41　李叶甲（图2-41-1）

鞘翅目肖叶甲科。又名云南松叶甲、云南松金花虫、山跳蚤。

分布与寄主

分布　全国各产区。

寄主　李、石榴、桃、杏、梨、苹果、梅、板栗、蔷薇、云南松等。

危害特点　以成虫啃食桃叶表皮和叶肉，将叶片咬成许多断续而又呈网状的孔洞，而叶缘部分又常不被咬断，致叶片卷曲枯黄。

形态诊断　成虫：雌成虫体长3～3.8毫米，雄成虫体长2.5～3.0毫米。黑色，有金属光泽。椭圆形，头部隐于前胸背板之下。鞘翅末端钝圆，其上各有10条左右连成线状的刻点纵列。足的基节为黑棕色，其余部分为黄棕色。腿节膨大，呈纺锤形；后足发达。卵：长椭圆形，长0.5毫米，宽0.2毫米，淡黄色。幼虫：老熟幼虫体长4～6毫米，乳白色，体扁，腹部向腹面弯曲，呈新月形。头部黄褐色。上唇黄褐色，上颚棕褐色，下颚及下唇须黄褐色。前胸背板淡黄色；胸足3对，黄褐色；中胸至第八腹节每节上有8个瘤状小突起，生有淡黄色刚毛。蛹：体长3～4毫米，宽2～2.5毫米，乳白色。

发生规律　在四川省凉山地区1年发生1代。以卵在土中越冬，翌年3月开始孵化，4月中下旬为孵化盛期。初孵幼虫在土壤表层活动，取食腐殖质、杂草和果木的须根。5月上中旬开始在2～3厘米的表土内筑土室化蛹。6月上旬成虫开始羽化出土，7月为羽化出土盛期。初孵化出土的成虫，先在杂草上缓慢爬行和取食，而后飞到石榴树等寄主上危害。成虫常群栖危害，单株虫口可达数百头乃至上千头。成虫有较强的趋光性，白天喜群栖于阳光终日强烈照射的散生树和疏林上。石榴受害严重时，全株枯黄，重者枯死。

防治方法

农业防治　加强果园土肥水管理和树体管理，使果园保持合理的密度，及时清除园地周围杂草，造成不利于此虫发生的环境条件，预防和抑制其发生。

生物防治　在成虫盛期，应用每毫升含1.5亿孢子的苏云金杆菌悬浮液喷雾防治，效果较好。

化学防治　成虫产卵前，于7月上旬到8月中旬，在早上5∶00～9∶00，成虫不甚活动时，针对该虫集中危害的习性，重点挑治。可喷50%敌百虫可湿性粉剂600～700倍液或90%晶体敌百虫1000～1500倍液、10%氯菊酯乳油2000～2500倍液、50%马拉硫磷乳油800～1000倍液等，每隔15～20天喷药1次，连续进行

2~3次。

㊷ 苹毛丽金龟（图2-42-1，图2-42-2）

鞘翅目丽金龟科。又名苹毛金龟子、长毛金龟子。

分布与寄主

分布　黑龙江、吉林、辽宁、内蒙古、宁夏、甘肃、青海、陕西、山西、北京、河北、河南、山东、安徽、江苏、上海、浙江、重庆、四川等地。

寄主　苹果、石榴、梨、核桃、桃、李、杏、葡萄、山楂、板栗、草莓、黑莓、海棠等。

危害特点　成虫食害嫩叶、芽及花器；幼虫危害地下组织。

形态诊断　成虫：体长8.9~12.5毫米，宽5.5~7.5毫米。卵圆至长圆形，除鞘翅和小盾片外，全体密被黄白色绒毛。头胸部古铜色，有光泽；鞘翅茶褐色，具淡绿色光泽，上有纵列成行的细小点刻。触角鳃叶状9节，棒状部3节。从鞘翅上可透视出后翅折叠成"V"字形。腹部末端露出鞘翅。卵：椭圆形，长1.5毫米，初乳白后变为米黄色。幼虫：体长约15毫米，头黄褐色，头部前顶刚毛每侧7~8根，呈1纵列，后顶刚毛每侧10~11根，呈簇状，额中侧毛每侧2根，较长。臀节肛腹片覆毛区中央具2列刺毛，相距较远，每列前段由短锥状刺毛6~12根组成，后段为长针状刺毛6~10根，排列整齐。蛹：长卵圆形，长12.5~13.8毫米，宽5.5~6.0毫米，初黄白后变黄褐色。

发生规律　1年发生1代，以成虫在土中越冬。翌春3月下旬开始出土活动，主要危害蕾花，4月中旬至5月上旬危害最盛；成虫发生期40~50天，于5月中、下旬成虫活动停止。4月中旬开始产卵，产卵盛期为4月下旬至5月上旬，卵期20~30天，幼虫期60~80天。幼虫发生盛期为5月底至6月初。7月底开始化蛹，化蛹盛期为8月中下旬。9月中旬开始羽化，羽化盛期为9月中旬，羽化后的成虫不出土，即在土中越冬。成虫具假死性，无趋光性，当平均气温达20℃以上时，成虫在树上过夜；温度较低时潜入土中过夜。成虫最喜食花器，故随寄主现蕾、开花早迟而转移危害，一般先危害杏、桃，后转至梨、苹果及石榴上危害。卵多产于9~25厘米土层中，并多选择土质疏松且植被稀疏的场所产卵，单雌产卵8~56粒，一般20余粒。天敌有红尾伯劳、灰山椒鸟、黄鹂等益鸟和朝鲜小庭虎甲、深山虎甲、粗尾拟地甲及寄生蜂、寄生蝇、寄生菌等。

防治方法　此虫虫源来自多方面，特别是荒地虫量最多，故应以消灭成虫为主。

农业防治　早、晚张网震落成虫，捕杀之。

生物防治　保护利用天敌。

化学防治　①地面使药，控制潜土成虫。常用药剂有5%辛硫磷颗粒剂每亩3

千克撒施、50%辛硫磷乳油每亩0.3~0.4千克加细土30~40千克拌匀成毒土撒施、稀释500~600倍液均匀喷于地面。使用辛硫磷后应及时浅耙，提高防效。②树上使药。于果树接近开花前，结合防治其他害虫喷洒52.25%蜱·氯乳油或50%二嗪磷乳油或45%马拉硫磷乳油或48%哒嗪硫磷乳油1500倍液、2.5%溴氰菊酯乳油2000~3000倍液等。

43　黑绒金龟（图2-43-1至图2-43-3）

属鞘翅目金龟科。又名东方金龟子、天鹅绒金龟子、姬天鹅绒金龟子、黑绒鳃金龟。

分布与寄主

分布　除西藏未见报道外，其他各产区均有分布。

寄主　山楂、桃、杨、苹果等近150种植物。

危害特点　成虫食害寄主的嫩叶、芽及花；幼虫危害地下根系。

形态诊断　成虫：体长7~8毫米，宽4.5~5毫米；雄虫略小于雌虫，体卵圆形，前狭后宽；体褐色至黑色；体表具丝绒般光泽，故称天鹅绒金龟子；触角鳃叶状；前胸背板宽为长的2倍。卵：椭圆形，长1.2毫米，乳白色。幼虫：体长14~16毫米，头部黄褐色，体黄白。蛹：长8毫米，黄褐色。

发生规律　1年发生1代，以成虫在土中越冬。4月中下旬出土，5月初6月上旬为发生盛期。成虫夜间和上午潜伏在地势高燥的草荒地中，下午出土，群集危害，喜食寄主的幼嫩部分。有趋光性和假死性，飞翔力较强。6月为产卵盛期，卵散产于植物根际10~20厘米深的表土层中。卵期5~10天，6月中旬幼虫孵化食害根系。8月中下旬老熟幼虫潜入地下20~30厘米处做土室化蛹，并在其中羽化越冬。

防治方法

农业防治　冬春季深翻园地，利用低温和鸟食消灭地下越冬成虫。利用其假死性，震落扑杀成虫。

物理防治　用黑光灯诱杀成虫。

化学防治　用10%辛硫磷颗粒剂处理土壤，杀灭土壤中的幼虫。在成虫发生期于下午16：00后，叶面喷洒10%氯氰菊酯乳油2000倍液或2.5%溴氰菊酯乳油2500~3000倍液、5%顺式氰戊菊酯乳油2000~4000倍液、2%杀螟硫磷可湿性粉剂或5%氟啶脲乳油1000~1200倍液等。

44　斑衣蜡蝉（图2-44-1至图2-44-13）

属同翅目蜡蝉科。又名椿皮蜡蝉、斑衣、樗鸡、红娘子等。

分布与寄主

分布　全国多数果产区。

寄主　柿、桃、杏、石榴、枣、核桃、香椿等果树。

危害特点　成虫、若虫刺吸枝、叶汁液，排泄物常诱发煤污病，削弱树势，严重时引起茎皮枯裂，甚至死亡。

形态诊断　成虫：体长15~20毫米，翅展39~56毫米，雄较雌小，基色暗灰泛红，体翅上常覆白蜡粉；头顶向上翘起呈短角状，触角刚毛状红色；前翅革质，基部2/3淡灰褐色，散生20余个黑点，端部1/3暗褐色，脉纹纵向整齐；后翅基部1/3红色，上有6~10个黑褐斑点，中部白色半透明，端部黑色。卵：长椭圆形，长3毫米左右，状似麦粒。若虫：体扁平，头尖长，足长；1~3龄体黑色，布许多白色斑点；4龄体背面红色，布黑色斑纹和白点；末龄体长6.5~7毫米。

发生规律　1年发生1代，以卵块于枝干上越冬。翌年4~5月孵化。若虫喜群集嫩茎和叶背危害，若虫期约90天，6月下旬至7月羽化。9月交尾产卵，多产在枝杈处的阴面，每块有卵数十粒，卵粒排列成行，上覆灰色土状分泌物。成虫、若虫均有群集性，较活泼、善跳跃，受惊扰即跳离，成虫则以跳助飞。白天活动危害。成虫寿命达4个月，危害至10月下旬陆续死亡。

防治方法

农业防治　冬春季卵块极好辨认，用硬物挤压卵块消灭。

化学防治　可喷洒无公害生产允许使用的菊酯类、有机磷等及其复配药剂，常用浓度均有较好效果。由于若虫被有蜡粉，所用药液中混用含油量0.3%~0.4%的柴油乳剂或黏土柴油乳剂，可显著提高防效。

㊺　八点广翅蜡蝉（图2-45-1至图2-45-4）

属同翅目广翅蜡蝉科。又名八点蜡蝉、八点光蝉、八斑蜡蝉、橘八点光蝉、咖啡黑褐蛾蜡蝉、黑羽衣、白雄鸡。

分布与寄主

分布　全国多数产区。

寄主　樱桃、柿、桃、杏、石榴、柑橘等果树。

危害特点　成虫、若虫刺吸嫩枝、芽、叶汁液；排泄物易引发病害；雌虫产卵时将产卵器刺入嫩枝茎内，破坏枝条组织，被害嫩枝轻则叶枯黄、长势弱，难以形成叶芽和花芽，重则枯死。

形态诊断　成虫：体长6~7毫米，翅展18~27毫米，头胸部黑褐色；触角刚毛状；翅革质密布纵横网状脉纹，前翅宽大，略呈三角形，翅面被稀薄白色蜡粉，翅上具灰白色透明斑5~6个；后翅半透明，翅脉煤褐色明显，中室端有1白色透明斑。卵：长卵圆形，长1.2~1.4毫米，乳白色。若虫：低龄乳白色；成龄体长5~6毫米，宽3.5~4毫米，体略呈钝菱形，暗黄褐色；腹部末端有4束白色绵毛状蜡丝，呈扇状伸出，中间一对略长；蜡丝覆于体背以保护身体，常可做孔雀开屏状，向上直立或伸向后方。

发生规律 1年发生1代，以卵在当年生枝条里越冬。若虫5月中下旬至6月上中旬孵化，低龄若虫常数头排列于一嫩枝上刺吸汁液危害，4龄后散害于枝梢叶果间，爬行迅速善于跳跃，若虫期40~50天。7月上旬成虫羽化，飞行力较强且迅速，寿命50~70天，危害至10月。成虫产卵期30~40天，卵产于当年生嫩枝木质部内，产卵孔排成一纵列，孔外带出部分木丝并覆有白色絮状蜡丝，极易发现与识别。成虫有趋聚产卵的习性，虫量大时被害枝上刺满产卵迹痕。

防治方法

农业防治 冬春剪除被害产卵枝集中烧毁，减少翌年虫源。

化学防治 虫量多时，于6月中旬至7月上旬若虫羽化危害期，喷洒48%哒嗪硫磷乳油1000倍液或10%吡虫啉可湿性粉剂3000~4000倍液、5%氟氯氰菊酯乳油2000~2500倍液等。药液中加入含油量0.3%~0.4%的柴油乳剂或黏土柴油乳剂，可溶解虫体蜡粉显著提高防效。

46 黑蝉（图2-46-1至图2-46-6）

属同翅目蝉科。又名蚱蝉，俗名蚂吱嘹、知了、蜘蟟。

分布与寄主

分布 全国各产区。

寄主 山楂、柿、枣、桃、梨、杏、石榴、苹果、核桃、板栗、柑橘等上百种果树和林木。

危害特点 成虫刺吸枝条汁液，并产卵于一年生枝条木质部内，造成枝条枯萎而死。若虫生活在土中，刺吸根部汁液，削弱树势。

形态诊断 成虫：雌体长40~44毫米，翅展122~125毫米；雄体长43~48毫米，翅展120~130毫米；体黑色有光泽，被金色绒毛；中胸背板宽大，中间高并具有"×"形隆起；翅透明；雄虫腹部有鸣器，作"吱吱"声长鸣，雌虫则无，但有听器。卵：长椭圆形，2.5毫米×0.5毫米，白色。若虫：初孵乳白色，渐至黄褐色，体长30~37毫米；前足开掘式，能爬行。

发生规律 经4~5年完成1代，以卵于被害树枝内及若虫于土中越冬。越冬卵于翌年春孵化，若虫孵化后，潜入土壤中50~80厘米深处，吸食树木根部汁液，在土中生活12~13年。若虫老熟后于6~8月出土羽化，羽化盛期为7月。若虫于夜间出土，高峰时间为20：00~24：00时，出土后不久即羽化为成虫。成虫寿命60~70天，栖息于树枝上，夜间有趋光扑火的习性，白天"吱吱"鸣叫之声不绝于耳。产卵于当年生嫩梢木质部内，产卵带长达30厘米左右，产卵伤口深及木质部，受害枝条干缩翘裂并枯萎。

防治方法

农业防治 利用若虫出土附在树干上羽化的习性和若虫可食的特点，发动群众于夜晚捕捉食用。成虫发生期于夜间在园内、外堆草点火，同时摇动树干诱使成虫扑火自焚。在雌虫产卵期，及时剪除产卵萎蔫枝梢，集中烧毁。

化学防治 产卵后入土前，喷洒40%辛硫磷乳油或45%马拉硫磷乳油、50%丙硫磷乳油1000倍液、2.5%溴氰菊酯乳油或10%氯菊酯乳油2000倍液等。

㊼ 草履蚧（图2-47-1至图2-47-10）

属同翅目绵蚧科。又名柿草履蚧、草履硕蚧、草鞋介壳虫。

分布与寄主

分布 全国各产区。

寄主 山楂、柿、桃、樱桃、杏、石榴、苹果、柑橘等果树、林木、花卉。

危害特点 若虫和雌成虫刺吸嫩枝芽、叶、枝干和根的汁液，削弱树势，重者致树枯死。

形态诊断 成虫：雌体长10毫米，扁平椭圆，背面隆起似草鞋，体背淡灰紫色，周缘淡黄，体被白蜡粉和许多微毛；触角黑色丝状；腹部8节，腹部有横皱褶和纵沟；雄体长5~6毫米，翅展9~11毫米，头胸黑色，腹部深紫红色，触角黑色念珠状；前翅紫黑至黑色，后翅特化为平衡棒。卵：椭圆形，长1~1.2毫米，淡黄褐色，卵囊长椭圆形，白色绵状。若虫：体形与雌成虫相似，体小色深。雄蛹：褐色，圆筒形，长5~6毫米。

发生规律 1年发生1代，以卵和若虫在土缝、石块下或10~12厘米土层中越冬。卵于2月至3月上旬孵化为若虫并出土上树，初多于嫩枝、幼芽上危害，行动迟缓，喜于皮缝、枝杈等隐蔽处群栖，稍大喜于较粗的枝条阴面群集危害；雌若虫5月中旬至6月上旬羽化，危害至6月陆续下树入土分泌卵囊，产卵于其中，以卵越夏越冬。天敌有红环瓢虫、暗红瓢虫等。

防治方法

农业防治 雌成虫下树产卵前，在树干基部挖坑，内放杂草等诱集产卵，后集中处理。阻止初龄若虫上树。若虫上树前将树干老翘皮刮除10厘米宽1周，上涂胶或废机油，隔10~15天涂1次，涂2~3次，注意及时清除环下的若虫。树干光滑者可直接涂。

生物防治 保护利用自然天敌。

化学防治 若虫发生期喷洒48%哒嗪硫磷乳油1500倍液或50%辛硫磷乳油

1000倍液、2.5%溴氰菊酯乳油2000倍液、5%顺式氰戊菊酯乳油2000~3000倍液。隔7~10天1次，连续防治3~4次。

48 桃介壳虫（图2-48-1至图2-48-6）

属同翅目盾蚧科。又名桑盾蚧、桑介壳虫、桑介、桑白蚧。

分布与寄主

分布　全国各产区。

寄主　樱桃、柿、桃、杏、李等果树。

危害特点　若虫和雌成虫群集在枝干上刺吸汁液，被害枝条被虫体覆盖呈灰白色，也危害果、叶。削弱树势，重者致树枯死。

形态诊断　成虫：雌虫无翅，体长0.9~1.2毫米，淡黄色至橙黄色；介壳近圆形，直径2~2.5毫米，灰白色至黄褐色；雄虫只有1对灰白色前翅，体长0.6~0.7毫米，翅展约1.8毫米；介壳白色细长，长1.2~1.5毫米。卵：椭圆形，橘红色。若虫：淡黄褐色，扁椭圆形，常分泌绵毛状物盖在体上。蛹：仅雄虫有，长椭圆形，长约0.7毫米，橙黄色。

发生规律　1年发生2~5代，北方2代，浙江3代，广东5代，均以受精雌成虫在2年生以上的枝条上群集越冬。翌春果树萌芽时，越冬成虫开始危害，4月下旬至5月中旬产卵，5月中下旬初孵若虫分散爬行到枝条背阴处取食，并固贴在枝条上分泌绵毛状蜡丝，形成介壳，第1代若虫期40~50天，6月下旬至7月上中旬第一代成虫羽化，成虫继续产卵于介壳下，卵期10天左右。第二代若虫发生在8月，若虫期30~40天，9月出现雄成虫，雌虫危害至9月下旬后越冬。天敌主要有红点唇瓢虫等。

防治方法

农业防治　冬春季枝条上的雌虫介壳很明显，可用硬毛刷等刷掉越冬雌虫或剪除虫体较多的辅养枝，刷后石灰水涂干。

化学防治　①冬前及春季果树发芽前，用5~7波美度石硫合剂涂刷枝条或喷雾，或用5%柴油乳剂或99%绿颖乳油（机油乳剂）50~80倍液喷雾消灭越冬雌成虫。②5月中下旬若虫孵化期，用48%哒嗪硫磷乳油或52.25%蜱·氯乳油、10%氯氰菊酯乳油2000倍液、25%噻嗪酮可湿性粉剂1000~1500倍液、50%杀螟硫磷乳油1000倍液等喷雾。

49 枣龟蜡蚧（图2-49-1至图2-49-5）

属同翅目蜡蚧科。又名日本蜡蚧、日本龟蜡蚧、龟蜡蚧、龟甲蜡蚧。俗称枣虱子。

分布与寄主

分布　全国除新疆、西藏未见报道外，其他各产区均有发生。

寄主　樱桃、柿、桃、枣、杏、石榴、柑橘等果树。

危害特点　若虫固贴在叶面上吸食汁液，排泄物布满枝叶，7～8月雨季易引起大量煤污菌寄生，使叶、枝条、果实布满黑霉，影响光合作用和果实生长。

形态诊断　雌成虫：虫体椭圆形，紫红色，背覆白蜡质介壳，表面有龟状凹纹，体长约3毫米，宽2～2.5毫米；雄成虫：体长1.3毫米，翅展2.2毫米，体棕褐色，头及前胸背板色深，触角丝状；翅1对白色透明。卵：椭圆形，长径约0.3毫米，橙黄至紫红色。若虫：体扁平椭圆形，长0.5毫米，后期虫体周围出现白色蜡壳。蛹：仅雄虫在介壳下化为裸蛹，梭形，棕褐色。

发生规律　1年发生1代，以受精雌虫密集在一至二年生小枝上越冬。越冬雌虫4月初开始取食，5月下旬至7月中旬产卵，卵期10～24天。6月中旬至7月上旬孵化，初孵若虫多爬到嫩枝、叶柄、叶面上固着取食，8月初雌雄开始性分化，8月下旬至10月上旬雄虫羽化，交配后即死亡。雌虫陆续由叶转到枝上固着危害，至秋后越冬。卵孵化期间，空气湿度大，气温正常，卵的孵化率和若虫成活率高。天敌有瓢虫、草蛉、长盾金小蜂、姬小蜂等。

防治方法　防治关键期是雌虫越冬期和夏季若虫前期。

农业防治　从11月至翌年3月刮刷树皮裂缝中的越冬雌成虫，剪除虫枝；冬春季遇雨雪天气，及时敲打树枝震落冰凌，可将越冬雌虫随冰凌震落。

生物防治　保护利用天敌。

化学防治　黄淮地区在4月下旬树冠喷洒25%噻嗪酮可湿性粉剂1000～1500倍液；或在6月末7月初喷洒50%甲萘威可湿性粉剂400～500倍液或20%甲氰菊酯乳油3000～4000倍液、20%啶虫脒可湿性粉剂2000倍液等；秋后或早春喷洒5%的柴油乳剂防效好。

50 桃红颈天牛（图2-50-1至图2-50-6）

属鞘翅目天牛科。又名红颈天牛、铁炮虫、哈虫。

分布与寄主

分布　全国多数产区。

寄主　柿、桃、杏、樱桃、苹果、柑橘等果树。

危害特点　幼虫于韧皮部和木质部间蛀食，向下蛀弯曲隧道，内有粪屑，长达50～60厘米，隔一定距离向外蛀1排粪孔，致树势衰弱或枯死。

形态诊断　成虫：体长28～37毫米，体黑蓝有光泽，触角丝状11节，超过体长，前胸中部棕红色，背面具瘤状突起4个，侧刺突端尖锐，鞘翅基部宽于胸部，后端略窄，表面光滑。卵：长椭圆形，长6～7毫米，乳白色。幼虫：体长

42~50毫米，黄白色，前胸背板横长方形，前半部横列黄褐色斑块4个，背面2个横长方形；后半部色淡有纵皱纹。蛹：长26~36毫米，淡黄白至黑色。

发生规律 2~3年1代，以各龄幼虫越冬。寄主萌动后开始危害。成虫发生期南方5月下旬、北方7月上中旬至8月中旬盛发。成虫羽化后3~5天即产卵于距地面35厘米以内树皮裂缝中，卵期7~9天。幼虫孵化后先蛀入韧皮部与木质部之间危害，虫体长大后才蛀入木质部危害，多由上向下蛀食成30~60厘米长的弯曲隧道，可达主根分杈处，隔一定距离向外蛀一排粪孔，粪屑堆积地面或枝干上。幼虫期23~35个月，经2~3个冬天始老熟化蛹，蛹期17~30天。天敌有肿腿蜂等。

防治方法

农业防治 成虫发生期白天捕杀成虫；幼虫孵化后检查枝干，发现新排粪孔时，用铁丝刺到隧道底部，上下反复几次，刺杀幼虫；及时清除死树和死枝，消灭虫源。在树干上涂刷石灰硫黄混合涂白剂（生石灰10份、硫黄1份、水40份）防止成虫产卵。

生物防治 保护利用天敌。

化学防治 6~9月份发现排粪孔后，初期可用50%丙硫磷乳油10~20倍液涂抹排粪孔；防治晚时可先清除其中的粪便、木屑，然后塞入蘸有40%辛硫磷乳油10~20倍液的棉球或药泥，杀虫效果均良好。

51 桃小蠹（图2-51-1至图2-51-5）

属鞘翅目小蠹科。又名多毛小蠹。

分布与寄主

分布 长江以北产区。

寄主 桃、樱桃、杏、李、梨等果树。

危害特点 成虫、幼虫蛀食枝、干韧皮部和木质部，蛀道于其间。母坑道单纵向长约4厘米，子坑道密集于母坑道两则，长4~5厘米。常造成枝干枯死。

形态诊断 成虫：体长2.7~4.5毫米，体黑色，鞘翅暗褐色有光泽，头短小，触角锤状，体密布细刻点，鞘翅上有较浅的纵刻点列，腹部末端腹面斜截形；雄虫第7背板有1对大刚毛。卵：圆形乳白色，长约1毫米。幼虫：体长4~5毫米，乳白色，略向腹面弯，无足，头较小黄褐色。蛹：长2.7~4.5毫米，乳白至黑色。

发生规律 1年发生1代，以幼虫在坑道内越冬。翌春老熟于子坑道端并蛀圆筒形蛹室化蛹。羽化后咬圆形羽化孔爬出。6月间成虫出现并交配，多选择衰弱的枝干上蛀入皮层，在韧皮部与木质部间蛀纵向母坑道，并产卵于母坑道两侧。孵化后的幼虫分别在母坑道两侧横向蛀子坑道，略呈"非"字形，初期互不相扰近于平行，随虫体增长，坑道弯曲混乱交错。加速枝干死亡。秋后以幼虫于坑道端越冬。

防治方法

农业防治　加强管理，增强树势；彻底剪除有虫枝和衰弱枝，集中处理；成虫出树前，田间放置半枯死或整枝剪掉的树枝，诱集成虫产卵，产卵后集中处理，均可减少发生与危害。

化学防治　①成虫羽化初期，枝干上涂刷高效低毒杀虫剂，如50%马拉硫磷乳油或菊酯类药剂200~300倍液，触杀成虫效果良好。②成虫出树后产卵前，树上喷洒50%辛硫磷乳油1000倍液、50%马拉硫磷乳油或20%氰戊菊酯乳油2000倍液，毒杀成虫效果良好。枝干涂药或喷雾均隔15天1次，连续2~3次即可。

52　六星黑点蠹蛾（图2-52-1至图2-52-3）

属鳞翅目木蠹蛾科。又名白背斑蠹蛾、栎干蠹蛾、枣树截干虫、胡麻布蠹蛾、豹纹蠹蛾。

分布与寄主

分布　华东、华中、华南及西南等产区。

寄主　樱桃、柿、桃、枣、石榴、苹果等果树。

危害特点　幼虫蛀入枝干皮层和髓心部危害，致受害处以上枝条生长衰弱，重者枯死，对树体生长和开花结果影响较大。

形态诊断　成虫：雌蛾体长18~30毫米，翅展33~46毫米，体被灰白色鳞片；触角丝状；胸背具近圆形黑斑6个；前翅有10个椭圆形黑斑点，后翅前半部也布较小黑斑；腹部赤褐色，每节均生宽的黑横带，腹部各节有3块黑斑。雄蛾体长18~23毫米，触角双栉齿状，其他特征与雌蛾类似。卵：长椭圆形，长0.9~1毫米，浅黄色。幼虫：体长35~65毫米，头部黑色，大颚黑色发达，前胸板、臀板黄褐至黑褐色；前胸背板前缘有1横脊状突起；胸部浅黄色，背部浅红色，各节具小黑点数个。蛹：长15~29毫米，浅红褐色。

发生规律　多数地区1年发生1代，河南2年完成1代，以幼虫在受害枝干内越冬。陕西4月中旬化蛹，5月中下旬成虫羽化产卵。河南翌年5、6月间幼虫在隧道内化蛹，成虫7月羽化。成虫趋光性强，卵多成堆产在中龄枝干树皮上，每堆100~300粒，卵期15天左右。初孵幼虫爬行迅速，受惊吐丝下垂。幼虫从幼嫩枝芽腋处蛀入枝条髓心处危害，从尖端分段下移，大龄幼虫蛀害木质部及髓心部分，常导致枝干萎蔫枯死，果实脱落。老熟幼虫在隧道里做茧化蛹。羽化时，从羽化孔伸出半截蛹体羽化，蛹皮留在羽化孔处。

防治方法

农业防治　幼虫化蛹至羽化前，及时剪掉干枯的枝条，2~7月发现园内有枯黄枝叶也应及时剪除，集中烧毁。坚持2年可基本控制其危害。

生物防治　保护和利用天敌。小茧蜂在越冬后的幼虫体上可连续繁殖2代，在剪、拾有虫枝条内，常有一定数量寄生蜂，将虫枝分捆立于林地内，让蜂自然扩散，待5月上旬害虫化蛹后，收集虫枝烧毁，消灭虫枝中害虫。

化学防治　在卵孵化盛期，初孵幼虫蛀入枝、干危害前，喷洒3%乙酰甲胺磷或50%杀螟硫磷乳油1000～1500倍液，能收到良好的杀虫效果。在幼虫初蛀入韧皮部时，用40%毒死蜱柴油液（1:9），或50%杀螟硫磷乳油柴油溶液涂虫孔，杀虫率可达100%。

53 芳香木蠹蛾（图2-53-1至图2-53-3）

属鳞翅目木蠹蛾科。又名杨木蠹蛾、红哈虫。

分布与寄主

分布　东北、华北、西北等地。

寄主　核桃、苹果、梨、桃、杏等果树。

危害特点　幼龄幼虫蛀食根颈处皮层，大龄幼虫可蛀食木质部。受害轻者树势衰弱，重者导致几十年生大树死亡。

形态诊断　成虫：全体灰褐色，腹背略暗；体长30毫米左右，翅展56～80毫米，雌蛾大于雄蛾；触角栉齿状；前翅灰白色，前缘灰褐色，密布褐色波状横纹，由后缘角至前缘有一条粗大明显的波纹。卵：初白色渐变至暗褐色，近卵圆形，1.5毫米×1.0毫米。幼虫：扁圆筒形，成龄体长56～80毫米，胸部背面红色或紫茄色，有光泽，腹面淡红或黄色；头部紫黑色，有不规则的细纹，前胸背板生有大型紫褐色斑纹一对。

发生规律　河南、陕西、山西、北京等地2年1代，青海西宁3年1代。以幼虫在被害树木的蛀道内和树干基部附近的土内越冬。越冬幼虫于4～5月化蛹，6～7月羽化为成虫。成虫昼伏夜出，有趋光性。卵多块产于树干基部1.5厘米以下或根茎结合部的裂缝或伤口处，每块有卵几粒至百余粒。幼虫孵化后即从伤口、树皮裂缝或旧蛀孔等处钻入皮层，先在皮层下蛀食，使木质部与皮层分离，极易剥落。后在木质部的表面蛀成槽状蛀坑，从蛀孔处排出细碎均匀的褐色木屑。初龄幼虫群集危害，随虫龄增大，分散在树干的同一段内蛀食，并逐渐蛀入髓部，形成粗大而不规则的蛀道。10月后在蛀道内越冬。翌年继续危害，到9月下旬至10月上旬，幼虫老熟，爬出隧道，在根际处或离树干几米外向阳干燥处约10厘米深的土壤中结伪茧越冬。老熟幼虫爬行速度较快，遇到惊扰，可分泌出一种有芳香气味的液体，因此而得名。

防治方法

农业防治　在成虫产卵期，树干涂白，防止成虫产卵；当发现根颈皮下部有幼虫危害时，可撬起皮层挖杀幼虫；冬春深翻园地，利用低温和鸟食消灭幼虫。

化学防治 在6月中旬至7月下旬，成虫产卵期用50%杀螟硫磷乳油1000~1500倍液或40%哒嗪硫磷乳油1500~2000倍液、20%哒嗪硫磷乳油800~1000倍液、2.5%溴氰菊酯乳油2000~3000倍液、25%灭幼脲悬浮剂1500倍液等，喷树干胸段下2~3次，杀初孵化幼虫效果好。5~10月幼虫蛀食期，用上述药剂30~50倍液注入虫孔1次，药液注入量以能杀死蛀道内幼虫为度，一般10~20毫升即可，注多了易造成烂干，注药后用泥封口。

54 光肩星天牛（图2-54-1至图2-54-4）

属鞘翅目天牛科。又名光肩天牛、柳星天牛、花牛等。

分布与寄主

分布 全国各产区。

寄主 樱桃、杏、苹果、梨、李、梅等果树。

危害特点 成虫食叶、芽和嫩枝的皮；幼虫于枝干的皮层和木质部内向上蛀食，隧道内有粪屑，削弱树势，重者致干或枝枯死。

形态诊断 成虫：体长17.5~39毫米，宽5.5~12毫米，体黑色略带紫铜色金属光泽；触角丝状，呈黑、淡蓝相间的花纹；鞘翅基部光滑，表面各具20多个大小不等的白色毛斑；头部和体腹面被银灰和蓝灰色细毛。卵：长椭圆形，长5.5~7毫米，淡黄色。幼虫：体长50~60毫米，头大部分缩入前胸内，外露部分深褐色，体乳白至淡黄白色。蛹：长20~40毫米，黄褐色。

发生规律 南方1年发生1代，北方2~3年1代。均以幼虫于虫道内越冬，寄主萌动后开始危害。幼虫老熟后于5月下旬在隧道内化蛹，6月上中旬成虫羽化。成虫多产卵于直径4~5厘米的枝干上，产卵前先咬一圆形刻槽，产卵于刻槽上方1厘米处的木质部和韧皮部之间。卵期16天左右，初孵幼虫就近蛀食。8月中旬开始蛀入木质部，向上蛀食隧道，由排粪孔排出大量白色粪屑并有树汁流出。10月下旬后于隧道内越冬。成虫发生期6~10月，寿命1~2个月，白天活动。

防治方法

农业防治 ①捕杀成虫，于4月下旬至6月下旬，在果园中捕杀成虫。②铲除卵及初孵幼虫，于5~6月产卵盛期，在树干基部10厘米范围内检查"T"形或"厂"形产卵痕，用螺丝刀刮除卵粒或初孵幼虫。

化学防治 ①消灭低龄幼虫。于7~8月，用20%辛·阿维乳油50~100倍液或50%辛·溴乳油100~150倍液等涂抹树干基部，可杀灭在树皮蛀食的低龄幼虫。②毒杀高龄幼虫。对已蛀入木质部的幼虫，可向虫孔注入药液或用棉球蘸药塞入所有虫孔毒杀，药剂可用2%阿维菌素乳油或40%毒死蜱乳油、40%辛硫磷乳油、20%氰戊菊酯乳油50~100倍液等，注（塞）药后用泥封好蛀孔。

55　海棠透翅蛾（图2-55-1至图2-55-3）

鳞翅目透翅蛾科。

分布与寄主

分布　吉林、辽宁、河北、陕西、山西等地。

寄主　海棠、樱桃、桃、苹果、山楂、李、梨、梅等。

危害特点　幼虫多于枝干分权处和伤口附近皮层下食害韧皮部，蛀成不规则的隧道，有的可达木质部，被害初有黏液流出呈水珠状，后变黄褐并混有虫粪，轻者削弱树势，重者致枝条或全株死亡。

形态诊断　成虫：体长10~14毫米，翅展19~26毫米，全体蓝黑色有光泽；头顶被厚鳞，头基部具黄色鳞毛；触角丝状，雄触角上密生栉毛；胸部两侧有黄鳞斑；翅透明，翅缘和脉黑色；第二、四腹节背面后缘各具一黄带，有时第一、三、五腹节也有很细的黄带但多不明显；雌尾部有两簇黄白色毛丛，雄尾部有扇状黄毛。卵：扁椭圆形，长0.5毫米，表面生六角形白色刻纹，初乳白渐变黄褐色。幼虫：体长22~25毫米，头褐色，胴部乳白至淡黄色，背面微红，各节背侧疏生细毛，头及尾部较长。蛹：长约15毫米，黄褐色，腹末环生8个臀棘。

发生规律　1年发生1代，多以中龄幼虫于隧道里结茧越冬。萌芽时活动危害，排出红褐色成团的粪便。一般位于主侧枝上的幼虫发育快而肥大，而位于主干上的幼虫发育慢而瘦小。老熟时先咬圆形羽化孔、不破表皮，然后于孔下做长椭圆形茧化蛹。河北4月末至7月下旬化蛹，有2个高峰：6月上旬和7月上旬，蛹期10~15天。羽化期为5月中旬至8月上旬，亦有2个高峰：6月中旬和7月中旬。羽化时蛹壳带出孔外1/3~1/2。成虫白天活动取食花蜜；喜于生长衰弱的枝干粗皮缝、伤疤边缘、分权等粗糙处产卵，散产，每雌可产卵20余粒。卵期10余天。6月上旬开始孵化、蛀入，于皮层内危害，11月结茧越冬。

防治方法

农业防治　加强管理增强树势，避免产生伤疤可减少受害。冬春季结合刮老翘皮、刮腐烂病，挖杀幼虫，之后涂消毒保护剂。

化学防治　①树干涂药液。4月和8~9月于幼虫危害处：涂柴油原油或煤油1~1.5千克加敌敌畏50克混合液。效果良好，秋季虫小、入皮浅，防治效果更好。②成虫盛发期，枝干上喷洒90%晶体敌百虫或40%辛硫磷乳油1000倍液、50%马拉硫磷乳油1200倍液或20%甲氰菊酯乳油2500~3000倍液、10%联苯菊酯乳油2000~2500倍液等，防治成虫和初孵幼虫效果均很好。

56 黑翅土白蚁（图2-56-1至图2-56-9）

属等翅目白蚁科。

分布与寄主

分 布　黄河以南及西南各产区。

寄 主　樱桃、枣、柿、板栗、茶、桃、柑橘等果树。

危害特点　白蚁营巢于土中，取食树木的根茎部，并在树木上修筑泥被，啃食树皮，也能从伤口侵入木质部危害。苗木受害后常枯死，成年树被害后生长不良。此外，还危及堤坝安全。

形态诊断　有翅繁殖蚁：体长12~18毫米，头、胸、腹背面黑褐色，翅暗褐色，触角19节，全身密被细毛，前胸背板中央有1个淡色"十"字形纹。卵：乳白色，椭圆形，长径0.6毫米。兵蚁：体长5~6毫米，头暗黄色，胸、腹部淡黄色至灰白色；头部毛稀疏，胸腹部毛较密集。工蚁：体长5~6毫米，头黄色，胸、腹部灰白色。

发生规律　筑巢地下，危害树木时一般先取食树干表皮和木栓层，后期才向木质部深入。5~6月及9月有两个危害高峰，7~8月则在早、晚和雨后活动。每年4月底5月初在蚁巢附近出现成群的圆锥形突起分飞孔，相对湿度95%以上的闷热天气或大雨后，有翅繁殖蚁从分飞孔飞出，脱翅并雌雄配对后钻入地下建立新巢，成为新蚁巢的蚁后和蚁王，有些位于浅土层的幼龄巢和菌圃腔，在6~8月连降暴雨后，地面上会长出鸡枞菌，可作为确定蚁巢的标志。蚁巢由小到大，一个大巢群内白蚁达200万头以上，兵蚁保卫蚁巢，工蚁担负采食、筑巢和抚育幼蚁等工作，蚁王和蚁后匿居蚁巢内繁殖后代。工蚁在树干上取食时，做泥线或泥坡，可高达数米，形成泥套，这是白蚁危害的重要特征。

防治方法

农业防治　清理杂草、朽木和树根，减少白蚁食料。

物理防治　在白蚁分飞季节用黑光灯诱杀。白蚁诱杀包诱杀。每亩放置15~25个，经2~3个月，蚁巢可被消灭。

化学防治　①开沟灌药液灭蚁。于树干四周开沟，灌入10%氯氰菊酯乳油或20%氰戊菊酯乳油、10%甲氰菊酯乳油、48%哒嗪硫磷乳油、50%辛硫磷乳油等150~500倍液，然后覆土。②蚁巢灌药。发现蚁巢，用上述药液灌入巢内，每巢1~20千克，杀蚁效果好。

57 金缘吉丁虫（图2-57-1至图2-57-3）

属鞘翅目吉丁虫科。又名梨金缘吉丁虫、翡翠吉丁、褐绿吉丁、金背吉丁。

分布与寄主

分布　全国各产区。

寄主　枣、桃、梨、苹果、山楂、李等果树。

危害特点　以幼虫蛀食枝干树皮及木质部，幼虫蛀道在韧皮部和木质部之间，蛀道内充满褐色虫粪和木屑，被害处树皮变黑，内部组织变褐。

形态诊断　成虫：体长13~17毫米，身体稍扁，翠绿色，具金属光泽，前胸背板及鞘翅外缘红色；前胸背板密布刻点；小盾片扁梯形；鞘翅上有由10余条蓝黑色断续的纵纹组成的纵沟；鞘翅端部锯齿状；雌虫腹部末端钝圆，雄虫稍尖。卵：椭圆形，长约2毫米，初乳白渐变为黄褐色。幼虫：老熟幼虫体长30~36毫米，扁平，乳白色至黄白色；头小，暗褐色；前胸膨大，背板中央有一个"人"字形凹纹；腹部10节，分节明显。蛹：体长15~20毫米，初乳白色渐变为紫绿色，有光泽。

发生规律　1~2年发生1代，江西、湖北、江苏等地1年发生1代，华北2年发生1代，均以不同龄期的幼虫在被害枝干的蛀道内越冬，越冬部位多在外皮层。翌春果树萌芽期，幼虫开始活动，老熟后在蛀道内化蛹。约在4月下旬羽化为成虫。成虫羽化后暂不出洞，5月中旬向外咬一扁形羽化孔爬出，一直延续到7月上旬。成虫白天取食叶片补充营养，早晚静伏叶上，遇惊扰下坠落地，有假死习性。成虫产卵期约10天，产卵于树干皮缝和伤口处，一处产卵2~3粒。单雌产卵20~40粒。5月下旬为产卵盛期，6月上旬为幼虫孵化盛期。初孵幼虫先在皮层处取食，随虫龄增大逐渐向形成层串食，蛀道不规则，到秋后幼虫蛀入木质部，在此越冬。待蛀道绕枝干一周后，至整株（枝）枯死。

防治方法

农业防治　①加强栽培管理，减少树体伤口，以减少成虫产卵条件，降低危害。②根据幼树被害处凹陷变黑、易被识别的特点，常检查并及时用刀将皮层的幼虫挖除。

化学防治　在成虫羽化后出洞前，在枝干上喷洒50%辛硫磷乳油800倍液或90%晶体敌百虫600倍液；在成虫出洞后，喷洒2%阿维菌素乳油1000倍液或50%杀螟硫磷乳油1200倍液、40.7%毒死蜱乳油2000倍液；在6~7月幼虫孵化期，结合人工刮除幼虫，在树干上涂抹52.25%蜱·氯乳油100倍液或3%氯氰菊酯乳油200倍液、50%马拉硫磷乳油150倍液等。

58　梨眼天牛（图2-58-1至图2-58-4）

属鞘翅目天牛科。又名梨绿天牛、琉璃天牛。

分布与寄主

分布　东北、山西、陕西、河南、山东、江苏、江西、浙江、安微、福建、台湾等地及周边地区。

寄主　梨、苹果、梅、杏、桃、李、海棠、石榴、山楂等多种林木、果树。

危害特点　成虫取食叶片、芽和嫩枝的皮；幼虫于枝干的木质部、深达髓部，多向上少数向下蛀食，生活期间蛀道内无粪屑，削弱树势，重者致干或枝枯死。

形态诊断　成虫：体长8～10毫米，宽3～4毫米，体小略呈圆筒形，橙黄或橙红色；鞘翅呈金属蓝色或紫色，后胸两侧各有紫色大斑点；全体密被长细毛或短毛，头部密被粗细不等的刻点；复眼上下完全分开成2对；触角丝状11节，基节数节淡棕黄色，每节末端棕黑色；雄虫触角与体等长，雌虫略短，腹面被缨毛，雌虫较长而密，端区具片状小颗粒；前胸背板宽大于长，前、后各具一条横沟，两沟之间有一隆凸，似瘤突，两侧各具一小瘤突，中部瘤突具粗刻点，鞘翅末端圆形，翅上密布粗细刻点；雌虫腹部末节较长，中央具一条纵沟。卵：长约2毫米，宽约1毫米，长椭圆略弯曲，初乳白后变黄白色。幼虫：老熟体长18～21毫米，体呈长筒形，背部略扁平，前端大，向后渐细，无足，淡黄至黄色；头大部缩在前胸内，外露部分黄褐色；上额大，黑褐色，前胸大，前胸背板方形，前胸盾骨化，呈梯形。蛹：体长8～11毫米，稍扁略呈纺锤形；初乳白，后渐变黄色，羽化前体色似成虫；触角由两侧伸至第2腹节后弯向腹面；体背中央有一细纵沟；足短，后足腿、胫节几乎全被鞘翅覆盖。

发生规律　2年完成1代，以幼虫于被害枝隧道内越冬。第1年以低龄幼虫越冬，次春树液流动后，越冬幼虫开始活动继续危害，至10月末，幼虫停止取食，于近蛀道端越冬。第3年春季以老熟幼虫越冬者不再食害，开始化蛹，部分未老熟者则继续取食危害一段时间后陆续化蛹。化蛹期为4月中旬至5月下旬，4月下旬至5月上旬为化蛹盛期，蛹期15～20天。5月上旬成虫开始羽化出孔，5月中旬至6月上旬为羽化盛期，6月中旬为末期。成虫羽化后，先于隧道内停息3天左右，然后从隧道顶端一侧咬一圆形羽化孔出孔。成虫出孔后先栖息于枝上，然后活动并开始取食叶片和嫩枝的皮以补充营养。

成虫喜白天活动，飞行力弱，风雨天一般不活动。交尾多在上午9：00左右和下午17：00左右，交配后3天左右开始产卵，成虫产卵多选择直径为15～25毫米粗的枝条，或以2～3年生枝条为主，产卵部位多于枝条背光的光滑处，产卵前先将树皮咬成"三三"形伤痕，然后产1粒卵于伤痕下部的本质部与韧皮部之间，外表留小圆孔，极易识别。同一枝上可产卵数粒，单雌产卵量20粒左右，成虫寿命10～30天。卵期10～15天。初孵幼虫先于韧皮部附近取食，到2龄后开始蛀入木质部，深达髓部，并多顺枝条生长方向蛀食，少数向枝条基部取食。幼虫常有出蛀道哨食皮层的习性，常由蛀孔不断排出烟丝状粪屑，并黏于蛀孔外不易脱落。随虫体增长排粪孔（或称蛀孔）不断扩大，烟丝状粪屑也变粗加长，幼虫一生蛀食隧道长达6～9厘米，取食皮层面积达5平方厘米左右。粪屑常附于蛀道反方向，其长度与蛀道约等，越冬前或化蛹前常用粪屑封闭排粪孔和虫体前方的部分蛀道，生活期间蛀道内无粪屑。

防治方法

严格检疫、杜绝扩散　对带虫苗木不经处理不能外运，新建果园的苗木应严格检疫，防止有虫苗木植入。初发生的果园应及时将有虫枝条剪除烧掉或深埋或及时毒杀其中幼虫，以杜绝扩展。

防治成虫　成虫羽化期结合防治果树其他害虫，喷洒50%马拉硫磷乳油1500倍液、30%杀虫双水剂1000倍液及其他高效、低毒菊酯类杀虫药剂的常规浓度，对成虫均有良好的防治效果。

防治虫卵　在枝条产卵伤痕处，用煤油10份配50%杀螟硫磷乳油500倍液或90%晶体敌百虫300倍液1份的药液，涂抹产卵部位效果很好。

防治幼虫　①捕杀幼虫。利用幼虫有出蛀道啃食皮层的习性，于早晚在有新鲜粪屑的蛀道口，用铁丝钩出粪屑及其中的幼虫或用粗铁丝直接刺入蛀道，以刺杀其中幼虫。②毒杀幼虫。卵孵化初期，结合防治果园其他害虫，喷洒50%马拉硫磷乳油1500倍液、30%杀虫双水剂1000倍液及其他高效、低毒菊酯类杀虫药剂的常规浓度，毒杀初孵幼虫均有一定效果。或用蘸40%辛硫磷乳油100倍液的小棉球，由排粪孔塞入蛀道内，然后用泥土封口，可毒杀其中幼虫。

59　瘤胸材小蠹（图2-59-1至图2-59-3）

属鞘翅目小蠹科。

分布与寄主

分布　长城以南及西藏、新疆等产区。

寄主　柿、山楂、桃、核桃、杨等果树和林木。

危害特点　成虫、幼虫在干、枝木质部内蛀食，影响树势。

形态诊断　成虫：体长2～2.5毫米，宽0.8～0.9毫米，雄较雌略小，体棕褐色，密被浅黄色绒毛；前胸背板红褐色，鞘翅暗褐至黑褐色，头部被前胸背板遮盖；前胸粗大，长为鞘翅长的2／3，背板上布满颗瘤；小盾片三角形狭长；鞘翅端部微斜截，鞘翅上各具8列纵刻点沟；腹板5节被鞘翅覆盖；触角7节短小锤状。卵：近球形，乳白色。幼虫：体长2.2毫米左右，略弯，无足，头浅黄，口器淡褐色，胴部乳白色12节；胸部粗大。蛹：长2毫米，乳白至浅黄色。

发生规律　生活史不详。初步观察：成虫行动迟缓，多在老翘皮下蛀入树体，蛀孔圆形，直径约0.8毫米。蛀道不规则，水平横向居多，长短十几厘米至20余厘米，蛀道末端为卵室。幼虫孵化后在卵室和蛀道内活动危害，老熟幼虫在蛀道侧蛀室化蛹。新羽化成虫出树期和侵入时，常在树干上爬行并在蛀孔处频繁进出，是药剂防治的关键期。

防治方法

农业防治　加强果园综合管理，增施有机肥，科学修剪减少伤口，冬季防冻害早春防霜冻，合理灌排水，疏花疏果防止大小年现象，及时防治病虫害，增强树势，提高抗病虫能力。

化学防治　掌握成虫出树期和侵入期树干喷药至淋洗状态。可喷洒5%氯氟氰菊酯乳油或2.5%溴氰菊酯乳油、10%联苯菊酯乳油、20%甲氰菊酯乳油、10%氯氰菊酯乳油、20%氰戊菊酯乳油1500～3000倍液、5%氟啶脲乳油或10%吡虫啉可湿性粉剂、48%毒死蜱乳油、40%辛硫磷乳油、45%马拉硫磷乳油800～1000倍液等，单用、混用或其复配剂均可。兼对吉丁虫等枝干害虫有防治作用。

60　康氏粉蚧（图2-60-1至图2-60-5）

属同翅目粉蚧科。又名梨粉蚧、李粉蚧、桑粉蚧。

分布与寄主

分布　全国各产区。

寄主　樱桃、柿、枣、石榴、苹果、梨、桃、柑橘等果树。

危害特点　成虫、若虫刺吸植物的幼芽、嫩枝、叶片、果实和根部的汁液；嫩枝和根部受害常肿胀且易纵裂而枯死；幼果受害多成畸形果。排泄物常引发煤污病的发生，影响光合作用。

形态诊断　成虫：雌体长3～5毫米，扁平椭圆形，体粉红色，表面被有白色蜡质物，体缘具有17对白色蜡丝，体前端的蜡丝较短，后端稍长，而最末一对特长，几乎与体长相等；雄成虫体长约1毫米，紫褐色，翅透明仅1对，翅展约2毫米，后翅退化成平衡棒。卵：椭圆形，长约0.3毫米，浅橙黄色。若虫：体扁平椭圆形，长约0.4毫米，淡黄色，外形似雌成虫。蛹：仅雄虫有蛹期，浅紫色。

发生规律　黄淮地区1年发生3代。以卵在树干、枝条粗皮缝隙或石缝土块中以及其他隐蔽场所越冬。翌年春果树发芽时，越冬卵孵化成若虫开始危害幼嫩部分。第一代若虫发生在5月中下旬，第二代若虫发生在7月中下旬，第三代在8月下旬。雌成虫在枝干粗皮裂缝中或果实萼筒柄洼等处产卵，有的将卵产在土内。在产卵时，雌成虫分泌大量似絮状蜡质卵囊，卵即产在卵囊内，数十粒集中成块。天敌有草蛉、瓢虫等。

防治方法

农业防治　在晚秋树干束草或绑扎破麻袋，诱雌成虫产卵，翌年春卵孵化之前将草束等物取下烧毁。冬春季刮树皮或用硬毛刷子刷除越冬卵，集中烧毁或深埋。

生物防治　有条件的地区可人工饲养和释放捕食性草蛉、瓢虫等天敌。

化学防治　早春喷施5%轻柴油乳剂或3～5波美度的石硫合剂；在各代若虫孵化期喷洒5%氟化脲乳油1200倍液或90%晶体敌百虫1500倍液、50%杀螟硫磷乳油或10%醚菊酯乳油1000倍液。

61　梨圆蚧（图2-61-1，图2-61-2）

属同翅目盾蚧科。又名梨笠圆蚧、梨枝圆盾蚧、梨笠圆盾蚧。

分布与寄主

分布　全国各产区。

寄主　梨、苹果、山楂、杏、桃、李、葡萄、柑橘、樱桃、草莓等300多种植物。

危害特点　雌成虫、若虫刺吸枝干、叶、果实汁液，轻致树势衰弱，重致枯死。

形态诊断　成虫：雌介壳近圆形稍隆起，直径约1.7毫米，灰白至灰褐色，具同心轮纹；虫体近扁圆形橙黄色，体长0.9～1.5毫米，宽0.75～1.23毫米。雄介壳长椭圆形，长1.2～1.5毫米，似鞋底状，介壳的质地与色泽同雌介壳；雄体长0.6毫米，翅展1.62毫米，淡橙黄至橙黄色，前翅外缘近圆形。若虫：椭圆形扁平，淡黄至橘黄色。

发生规律　北方1年发生2～3代，南方4～5代，以若虫在枝条上越冬，翌春树液流动后开始危害。3代区越冬代、一、二代发生期分别为：6月上旬至7月上旬、7月下旬至9月上旬、9月至11月上旬。4代区越冬代、一、二、三代发生期分别为：4月下旬至5月上旬、6月下旬至7月底、8月下旬至10月上旬、11月中下旬。若虫多在2～5年生枝干上危害，部分在叶背主脉两侧分泌绵毛状蜡丝形成介壳。天敌有红点唇瓢虫、肾斑唇瓢虫、红圆蚧金黄蚜小蜂等数十种。

防治方法

农业防治　加强检疫，防止有蚧苗木传入新区。及时剪除介壳虫寄生严重枝条烧毁。严禁用有虫枝条作种苗接穗。

生物防治　引放利用天敌防治。

化学防治　春季梨树发芽前，喷洒3～5度波美石硫合剂或0.4%五氯酚钠溶液、95%机油乳剂200倍液等。一、二代若虫期，枝干喷洒25%噻菌酮可湿性粉剂1500～2000倍液或20%甲氰菊酯乳油3000倍液、50%马拉硫磷乳油1000倍液、95%机油乳剂500倍液等。危害期用5%氟喹脲乳油20～50倍液涂干包扎，效果较好。

62　杏球坚蚧（图2-62-1，图2-62-2）

属同翅目蜡蚧科。又名朝鲜球蚧、朝鲜球坚蜡蚧、朝鲜毛坚蚧、杏毛球坚蚧、桃球坚蚧。

分布与寄主

分布　全国各产区。

寄主　樱桃、杏、桃、李、苹果、梨等果树。

危害特点　以若虫和雌成虫危害枝条为主，初孵若虫也危害叶片和果实，吸食寄主汁液，致被害树生长不良，树势衰弱。

形态诊断　成虫：雌成虫无翅，介壳半球形，质硬，呈红褐色至紫褐色，表面有明显皱纹；横径约4.5毫米，高约3.5毫米；雄成虫有翅1对，透明；头部赤褐色，腹部淡褐色，末端有1对尾毛和1根性刺；介壳长椭圆形，背面有龟甲状隆起。卵：椭圆形，长约0.3毫米，橙黄色。若虫：长椭圆形，初孵化时红色，越冬若虫椭圆形背上有龟甲状纹，浓褐色。蛹：仅雄虫有裸蛹，长约1.8毫米，赤褐色，蛹外包被长椭圆形茧。

发生规律　1年发生1代，以2龄若虫群集在枝条裂缝和芽痕处越冬。翌年3月上旬开始危害，4月中旬，雌雄性别分化，雄虫做茧化蛹，雌虫继续危害。4月下旬至5月上旬雄成虫羽化交尾后死亡。5月中旬雌虫产卵于介壳下面，5月下旬至6月上旬若虫孵化危害，以2年生枝上居多，虫体上常分泌白色蜡质绒毛。10月中旬后，若虫转移到芽痕和大枝的缝隙处，以2龄若虫在其分泌的蜡质物下越冬。

防治方法

农业防治　在成虫产卵前，用抹布或戴上硬质手套将枝条上的雌虫介壳抹掉。

化学防治　①果树发芽前防治越冬若虫，干枝上喷洒5波美度石硫合剂或合成洗衣粉200倍液、5%柴油乳剂、99%绿颖乳油（机油乳剂）50～80倍液。②5月下旬至6月上旬若虫孵化期，喷洒90%晶体敌百虫1000倍液或合成洗衣粉300倍液、48%哒嗪硫磷乳油2000倍液、52.25%蜱·氯乳油2000倍液、25%噻嗪酮可湿性粉剂1000倍液等。

⑥③ 白小食心虫（图2-63-1至图2-63-4）

属鳞翅目卷蛾科。又名桃白小卷蛾等，简称"白小"。

分布与寄主

分布　全国各产区。

寄主　山楂、樱桃、苹果、梨、桃、李、杏等果树。

危害特点　低龄幼虫咬食幼芽、嫩叶，并吐丝把叶片缀连成卷，在卷叶内危害；后期幼虫则从萼洼或梗洼处蛀入果心危害，蛀孔外堆积虫粪，粪中常有蛹壳，用丝连结不易脱落。

形态诊断 成虫：体长6.5毫米，翅展约15毫米，体灰白色；头胸部暗褐色，前翅中部灰白色、端部灰褐色。前缘近顶角处有4或5条黑色棒纹，后缘近臀角处有一暗紫色斑。卵：扁椭圆形，初白色渐变为暗紫色。幼虫：体长10~12毫米，体红褐色，头浅褐色，前胸盾、臀板、胸足黑褐色。蛹：长8毫米，黄褐色。

发生规律 辽宁、山东、河北1年发生2代，以低龄幼虫在干、枝粗皮缝内结茧越冬。翌年桃萌动后，幼虫取食嫩芽、幼叶，吐丝缀叶成卷，居中危害，幼虫老熟后在卷叶内结茧化蛹，越冬代成虫于6月上旬至7月中旬羽化，早期成虫产卵在桃和樱桃叶背，后期卵产在山楂、苹果等果实上。幼虫孵化后多自萼洼或梗洼处蛀入。老熟后在被害处化蛹、羽化。第一代成虫于7月中旬至9月中旬发生，仍产卵果实上，幼虫危害一段时间脱果潜伏越冬。

防治方法

农业防治 ①冬春季，用硬刷子刮除老树皮、翘皮，集中烧毁或深埋。②春夏季，剪除桃树被蛀梢端萎蔫而未变枯的树梢并及时处理。③幼虫脱果越冬前，树干束草诱集幼虫越冬，于来春出蛰前取下束草烧毁。

化学防治 在卵临近孵化时，喷洒2.5%溴氰菊酯乳油或20%氰戊菊酯乳油3000倍液、10%氯氰菊酯乳油或20%中西除虫菊酯乳油2000倍液、50%辛硫磷乳油1000倍液或20%氟啶脲可湿性粉剂2000~2500倍液、5%氟苯脲乳油1500~2000倍液、10%联苯菊酯乳油2000倍液等。

⑥④ 黄钩蛱蝶（图2-64-1至图2-64-6）

鳞翅目蛱蝶科。又称黄蛱蝶、金钩角蛱蝶。

分布与寄主

分布 国内除西藏未见记载外，其余各地均有分布。

寄主 柿、桃、杏、李、梨、苹果、葡萄、无花果、柑橘等果树及大麻科大麻、亚麻科的亚麻、蔷薇科的地榆属植物等。

危害特点 初孵幼虫啃食卵壳，但一般不吃光，仍残留卵壳底部黏附在寄主体上，然后取食叶片。成虫刺吸果实汁液，特别喜食成熟的果实。

形态诊断 成虫：体长18毫米左右，翅展45~61毫米，为中型蝶类。翅缘凹凸分明，前翅2脉和后翅4脉末端突出部分尖锐（秋型更加明显）；前翅前缘暗色，外缘有黑褐色波状带，反翅外缘和亚缘各有一黑褐色波状带（秋型色淡些）；前翅中室内有黑褐色斑，有时外边两斑相连。中室端有一长形黑褐色斑，中室与顶角间有一道矩形黑褐斑，中室外有4个排成品字形黑褐斑，其中后缘外侧斑纹内有一些青色鳞。后翅基半部中外侧1~3个黑褐斑内有一些青色鳞。夏型翅面黄褐色，秋型翅面红褐色。后翅背面中央有银白色"L"纹。夏型黄色，由褐色波状细线组成斑纹；秋型雄蝶黄褐色，有深褐色斑纹，雌蝶黑褐色，亦有深色相同斑纹。卵：瓜形，初绿色，孵化前变黑，孵化后卵壳成白色，直径约0.75毫米，孵化孔一般在顶部。上有浅绿色脊9～11条，纵脊高度较均匀。蛹：长约20毫米，最宽处6毫米左右，体色土褐色，顶部有2个尖突，侧部两突起不尖锐成钝角，胸背有1纵向大尖突，有的个体无。腹背各节均有两尖突排成两列，仅第1对尖突和后胸背面有2块银斑闪光。触角褐白相间，横纹明显。幼虫：老熟幼虫体长35毫米左右，头、足漆黑色，有光泽。头上两短枝刺与体上枝刺均为深黄色，但也有的个体胸侧部枝刺黑色；胸足爪深黄色；体暗褐色，各节有乳白色细横纹十分明显；前胸背部有一横列白毛；体上枝刺数目为：中、后胸每节4枚、前8腹节各7枚，后2腹节各2枚。

发生规律 食性杂，发生危害期5～10月，成虫6～10月出现，成虫食害果实，幼虫食害叶。

防治方法

生物防治 用含100亿孢子/毫升 Bt 乳剂500～800倍液或用含100亿活芽胞悬浮剂苏云金杆菌600倍液叶面喷洒，低龄幼虫期防治效果好。

用昆虫生长调节剂类药防治 可采用25%灭幼脲胶悬剂500～1000倍液、5%氟啶脲乳油1000～1500倍液等防治，此类药剂作用较慢，通常在虫龄变更时才使害虫致死，应提早喷洒。这类药剂常采用胶悬剂的剂型，喷洒后耐雨水冲刷，药效可维持15天以上。

化学防治 幼虫发生季节及时喷药，以低龄幼虫期防治效果好，可选用50%辛硫磷乳油1000倍液、40%二嗪磷乳油1000倍液、2%氟丙菊酯乳油800～1000倍液、25%仲丁威乳油1000倍液等叶面喷洒。

(65) 梨大食心虫（图2-65-1，图2-65-2）

属鳞翅目螟蛾科。又名梨斑螟蛾、梨斑螟，俗称吊死鬼。

分布与寄主

分布 全国各产区。

寄主 梨、苹果、桃、沙果等果树。

危害特点 幼虫蛀食芽致其枯死；食花、叶簇致部分或全簇枯萎；幼果受害，蛀孔处有虫粪堆积，幼果渐干枯变黑，果柄基部有大量缠丝使果不易脱落，果内常有蛹壳。

形态诊断 成虫：体长10～12毫米，翅展20～24毫米，体翅暗灰褐色；前翅具2条灰白色线和1个肾形纹。卵：椭圆形，长1毫米，初淡黄后变红色。幼虫：体长17～20毫米，暗红褐色微绿，腹面淡青色；头、前胸盾和胸足黑褐色；臀板暗褐色。蛹：长10～12毫米，初碧绿渐变黄褐色。

发生规律　东北、华北1年发生1~2代，陕西、河南、安徽2~3代。均以幼虫蛀入花芽内结小白茧越冬。翌年花芽萌动露绿时，越冬幼虫出蛰转芽危害，被害芽多枯死；展叶开花后多从花簇、叶簇基部蛀入并吐丝缠缀芽鳞而不易脱落，蛀入嫩梢髓部致其枯萎下垂。梨果拇指大时又从胴部蛀入梨果危害20余天，蛀孔处堆有虫粪，故称冒粪，5月中旬至6月中旬转果，于最后被害果内化蛹，化蛹前吐丝缠绕果柄于果台枝上，被害果渐干缩变黑悬挂不落故称吊死鬼。成虫羽化期：1代区7月间，2~3代区6月中下旬至8月中下旬。成虫昼伏夜出，对黑光灯有趋性，卵散产于萼洼、芽旁、短果枝、叶痕等处，卵期5~7天。高温干燥对成虫、幼虫均不利。天敌有黄眶离缘姬蜂、瘤姬蜂、离缝姬蜂等。

防治方法

农业防治　及时摘虫果，深埋或烧毁。

物理防治　利用黑光灯诱杀成虫。

生物防治　保护利用天敌。

化学防治　越冬幼虫出蛰转芽期和转果期是关键，防治效果好的可基本控制当年危害。可喷洒20%氰戊菊酯乳油2000倍液或50%辛硫磷乳油1000倍液、50%丙硫磷乳油1200倍液、52.25%蜱·氯乳油1500倍液等，7~10天1次，连防2~3次。

66　梨小食心虫（图2-66-1至图2-66-5）

属鳞翅目卷蛾科。又名梨小蛀果蛾、桃折梢虫，简称梨小。

分布与寄主

分布　全国各产区。

寄主　梨、山楂、苹果、桃、李、杏、樱桃、枇杷等果树。

危害特点　幼虫食害芽、蕾、花、叶和果实。幼虫吐丝将叶片缀成饺子状，在其中取食叶肉，残留灰白色表皮。果实受害，初果面现一黑点，孔外排出较细虫粪，蛀孔四周变黑腐烂，形成黑疤，虫粪脱落，疤上仅有1小孔，果内有大量虫粪形成豆沙馅。新梢受害，梢端枯死易折断。

形态诊断　成虫：体长6~7毫米，翅展13~14毫米，体翅灰褐色；前翅前缘有8~10条白色斜纹，外缘有10个小黑点，翅中央有1小白点。卵：扁椭圆形，长约2.8毫米，初乳白渐变为淡黄色。幼虫：低龄幼虫体白色；老熟幼虫体长10~14毫米，头褐色，体淡黄白或粉红色。蛹：纺锤形，长约7毫米，黄褐色；蛹外包有丝质白色薄茧。

发生规律　北方1年发生3~4代，南方发生6~7代。均以老熟幼虫在干、枝粗皮缝隙内、落叶或土中结茧越冬。华北、山东、陕西等地，越冬代成虫4月下旬至6月中旬发生，以后世代重叠严重。第一代成虫5月下旬至7月上旬发生。各虫态历期：卵期5~10天，幼虫期25~30天，蛹期7~10天。成虫于傍晚活动，对糖醋液和烂果有趋性，产卵于嫩叶背面或果实胴部，幼虫孵化后从新梢顶端蛀入向下蛀食致嫩梢枯萎，或蛀入果核周围串食，致被害果脱落，幼虫老熟后向果外咬一个虫孔脱果，爬至枝干粗皮处或果实基部结茧化蛹。第一、二代主要危害山楂、桃、李、杏的新梢，三、四代危害山楂、桃、苹果、梨的果实。在核果类和仁果类混栽或毗邻果园，虫害发生重。天敌有赤眼蜂、小茧蜂、白僵菌等。

防治方法

农业防治　冬春季刮除树干和主枝上的翘皮，清除园内枯枝落叶，集中烧掉或深埋。果树生长前期，及时剪除被害、刚萎蔫新梢。被害梢枯干时，其中的幼虫已转移。及时拾取落地果实并深埋。

物理防治　用红糖、蜂蜜、水按1:1:15的比例，加入1%其他杀虫剂，配成诱杀液，装入盆碗或瓶内，挂在树上诱杀成虫。成虫发生期，在每株树上挂1个梨小食心虫性外激素诱芯，干扰雌雄成虫交尾产卵。

化学防治　关键时期是各代卵孵化前后。可喷洒50%杀螟硫磷乳油或90%晶体敌百虫1000倍液、48%哒嗪硫磷乳油2000倍液、2.5%溴氰菊酯乳油或10%氯氰菊酯乳油2500倍液、25%灭幼脲悬浮剂1500倍液等。

67　小青花金龟（图2-67-1至图2-67-4）

属鞘翅目花金龟科。又名小青花潜、银点花金龟、小青金龟子。

分布与寄主

分布　全国除新疆未见报道外，其他各地均有分布。

寄主　板栗、苹果、梨、李、杏、桃等果树。

危害特点　成虫食害芽、花器和嫩叶；幼虫危害植物地下部组织。

形态诊断　成虫：体长11~16毫米，宽6~9毫米，长椭圆形稍扁，背面暗绿、绿色或黑褐色，腹面黑褐色；体表密布淡黄色毛和点刻。头较小，黑褐或黑色；前胸背板半椭圆形，前窄后宽，其上有3个白斑；小盾片三角状；鞘翅狭长，翅面上生有白色或黄白色绒斑。卵：椭圆形，长1.7毫米×1.2毫米，乳白至淡黄色。幼虫：体长32~36毫米，体乳白色，头部棕褐色或暗褐色；臀节肛腹片后部生刺状刚毛。蛹：长14毫米，淡黄白至橙黄色。

发生规律　1年发生1代，北方以幼虫越冬，江南以幼虫、蛹或成虫越冬。以成虫越冬的翌年4月上旬出土活动，4月下旬至6月盛发。以末龄幼虫越冬的，成虫于5~9月陆续出现，雨后出土多。成虫白天活动、喜食花器，春季多群集食害花和嫩叶，导致落花，并随寄主开花早晚转移危害；成虫飞行力强，具假死性，夜间多入土潜伏。卵散产在土中、杂草或落叶下，尤喜产卵于腐殖质多的场所。幼虫孵化后以腐殖质为食，并危害根部，老熟后化蛹于浅土层。

防治方法

农业防治　冬春季耕翻果园，利用低温和鸟食消灭地下幼虫；随时清除果园杂草、落叶，不在果园内堆放未腐熟的农家肥；春季开花期张单振落成虫捕杀之。

化学防治　必要时叶面喷洒2.5%溴氰菊酯乳油1500倍液或5%顺式氰戊菊酯乳油3000倍液、25%喹硫磷乳油1000倍液、48%哒嗪硫磷乳油1500倍液等。

68　艳叶夜蛾（图2-68-1至图2-68-4）

属鳞翅目夜蛾科。又名艳落叶夜蛾。

分布与寄主

分布　浙江、江苏、福建、台湾、广东、广西、湖南、湖北、四川、山西、山东、陕西、河北、河南、北京、天津、辽宁、吉林、黑龙江、内蒙古等地。

寄主　梨、苹果、葡萄、桃、杏、柿、柑橘、枇杷、杨梅、番茄等植物。

危害特点　成虫吸食果实汁液，尤其近成熟或成熟果实。

形态诊断　成虫：体长29~34毫米，触角丝状，前翅呈铜色，从顶角至基角及臀角各有一白色阔带，内缘上方有一条酱红色线纹，后翅浓黄色，上有黑色肾形及大形宽黑纹，外缘有6个白斑。卵：圆球形，底面平，直径约0.9毫米，卵初产时色淡黄，近孵化时渐复暗。幼虫：老熟幼虫体长约50毫米，体宽约7毫米，头宽仅约4毫米；胸足3对，腹足4对，尾足1对；头部及身体均为棕色，腹足和胸足为黑色，第一对腹足退化，外形很小；静止时头下坠尾端高翘，仅以发达的3对腹足着地。蛹：长约24毫米，宽约9.0毫米，褐色，外被白色丝，混合叶片包在体外。

发生规律　生活在低、中海拔山区。成虫夜晚具趋光性。幼虫寄主有木防己和千金藤等。天敌有卵寄生蜂等。

防治方法

农业防治　山区和半山区发展果树时应成片大面积栽植，尽量避免混栽不同成熟期的品种或多种果树。

物理防治　①诱杀成虫。成虫发生期利用黑光灯、高压汞灯或频振式杀虫灯等诱杀成虫或夜间人工捕杀成虫。②果实套袋。适期套袋，在套袋前喷洒一次杀虫杀菌剂。

生物防治　在7月份前后大量繁殖赤眼蜂，在果园周围释放，寄生吸果夜蛾卵粒。

化学防治　开始危害时喷洒5.7%氟氯氰菊酯乳油或10%醚菊酯乳油2000~

3000倍液、20%除虫脲悬浮剂2000~2500倍液等。此外，用香蕉或成熟果实浸药（90%晶体敌百虫100倍液）诱杀。

69 嘴壶夜蛾（图2-69-1至图2-69-4）

属鳞翅目夜蛾科。又名桃黄褐夜蛾、小鸟嘴壶夜蛾。

分布与寄主

分布　全国各产区。

寄主　桃、梨、苹果、柑橘、葡萄、龙眼、木防己等。

危害特点　成虫吸食成熟或近成熟果实果汁，被害果出现针头大小孔洞，致果实变色凹陷、糜烂脱落。

形态诊断　成虫：体长16~19毫米，翅展34~40毫米，头部淡红褐色，胸腹部褐色；前翅棕褐色，外缘中部外突成1角，顶角至后缘中部有1深色斜线，翅上具1肾状纹和1三角形的红褐色斑；后翅黄褐色，缘毛黄白色。卵：扁圆形长约0.8毫米，初黄白渐变为灰黑色。幼虫：体长37~46毫米，尺蠖型，漆黑色，背面两侧各有黄、白、红色斑一列。蛹：长17~19毫米，红褐至暗褐色。

发生规律　1年发生4~6代，世代重叠。以幼虫在树下杂草丛或土缝中越冬。5月份成虫出现，先危害早熟水果桃、樱桃等；7月后增多，9月下旬至10月下旬盛发，11月下旬后虫口密度渐小。成虫昼伏夜出，趋光性弱，嗜食糖液，略具假死性，闷热无风的夜晚蛾量多；成虫卵散产于木防己的叶背，孵化后在其上取食。

防治方法

农业防治　铲除或用除草剂清除果园周围夜蛾幼虫寄主木防己，断绝其食料。用香茅油或小叶桉油驱避成虫，方法是：用吸水性强的草纸片浸油，每株树于傍晚挂1片，翌晨收回，第二天再补加油挂上。

物理防治　用黑光灯或糖醋液诱杀成虫。果实套袋，在生理落果后进行。

化学防治　在成虫发生前期可以喷洒低毒的菊酯类或植物源类农药烟碱、苦参碱等。近成熟期为避免农药残留一般不再用药。

70 斑须蝽（图2-70-1至图2-70-4）

属半翅目蝽科。又名细毛蝽、黄褐蝽、斑角蝽、节须蚁。

分布与寄主

分布　全国各产区。

寄主　樱桃、石榴、苹果、梨、桃、山楂、梅、柑橘、杨梅、枸杞、草莓等。

危害特点 成虫、若虫刺吸寄主植物的嫩叶、嫩茎、果实汁液，造成落蕾、落花，茎叶被害后出现黄褐色小点及黄斑，严重时叶片卷曲，嫩茎凋萎，影响生长发育。

形态诊断 成虫：体长8~13.5毫米，宽5.5~6.5毫米。椭圆形，黄褐或紫色，密被白色绒毛和黑色小刻点。复眼红褐色。触角5节，黑色，第一节、第二至四节基部及末端及第五节基部黄色，形成黄黑相间。喙端黑色，伸至足基节处。前胸背板前侧缘稍向上卷，呈浅黄色，后部常带暗红。小盾片三角形，末端钝而光滑，黄白色。前翅革片淡红褐或暗红色，膜片黄褐，透明，超过腹部末端。侧接缘外露，黄黑相间。足黄褐至褐色，腿节、胫节密布黑刻点。卵：桶形，长1~1.1毫米，宽0.75~0.8毫米。初时浅黄，后变赭灰黄色。若虫：共5龄。1龄卵圆形，腹部背面中央和侧缘具黑色斑块。2龄第四、五、六腹节背面各具一对臭腺孔。3龄中胸背板后缘中央和后缘向后稍伸出。4龄腹部淡黄褐色至暗灰褐色，小盾片显露。5龄体椭圆形，黄褐至暗灰色，小盾片三角形。

发生规律 吉林1年1代，辽宁、内蒙古、宁夏2代，江西3~4代。以成虫在杂草、枯枝落叶、植物根际、树皮裂缝及屋檐下越冬。内蒙古越冬成虫4月初开始活动，4月中旬交尾产卵，4月末5月初卵孵化。第一代成虫6月初羽化，6月中旬产卵盛期，第二代卵于6月中下旬至7月上旬孵化，8月中旬成虫羽化，10月上旬陆续越冬。江西越冬成虫3月中旬开始活动，3月末4月初交尾产卵，4月初至5月中旬若虫出现，5月下旬至6月下旬第一代成虫出现。第二代若虫期为6月中旬至7月中旬，7月上旬至8月中旬为成虫期。第三代若虫期为7月中、下旬至8月上旬，成虫期8月下旬开始。第四代若虫期9月上旬至10月中旬，成虫期10月上旬开始，10月下旬至12月上旬陆续越冬。第一代卵期8~14天；若虫期39~45天；成虫寿命45~63天。第二代卵期3~4天，若虫期18~23天，成虫寿命38~51天，第三代卵期3~4天，若虫期21~27天，成虫寿命52~75天。第四代卵期5~7天，若虫期31~42天，成虫寿命181~237天。成虫一般在羽化后4~11天开始交尾，交尾后5~16天产卵，产卵期25~42天。雌虫产卵于叶背面，20~30粒排成一列。

防治方法

农业防治 清除园内杂草及枯枝落叶并集中烧毁，以消灭越冬成虫。

化学防治 于若虫危害期喷洒50%马拉硫磷乳油或52.25%蚍·氯乳油1500倍液、50%丙硫磷乳油或90%晶体敌百虫800~1000倍液、2.5%溴氰菊酯乳油或20%甲氰菊酯乳油3000倍液。

71 大青叶蝉（图2-71-1至图2-71-4）

属鞘翅目象甲科。又名青叶跳蝉、青叶蝉、大绿浮尘子、桑浮尘子。

分布与寄主

分布　全国各产区。

寄主　柿、核桃、苹果、桃、葡萄、枣、栗、樱桃、山楂、柑橘等果树。

危害特点　以成虫和若虫刺吸芽、叶汁液，致叶褪色、畸形、卷缩甚至枯死，并可传播病毒病。

形态诊断　成虫：体长7~10毫米，雄较雌略小，青绿色；头橙黄色，左右各具一小黑斑，眼红色；前翅革质绿色微带青蓝，端部色淡近半透明；前翅反面、后翅和腹背均黑色，腹部两侧和腹面橙黄色。卵：长卵圆形，长约1.6毫米，乳白至黄白色。若虫：与成虫相似，共5龄，初龄灰白色；2龄淡灰微带黄绿色；3龄灰黄绿色，胸腹背面有4条褐色纵纹，出现翅芽；4、5龄同3龄，老熟时体长6~8毫米。

发生规律　北方1年发生3代，以卵在树木枝条表皮下越冬。4月孵化，于杂草、农作物及花卉上危害，若虫期30~50天。各代发生期大体为：第一代4月上旬至7月上旬，成虫5月下旬出现；第二代6月上旬至8月中旬，成虫7月出现；第三代7月中旬至11月中旬，成虫9月出现。世代重叠严重。成虫夏季趋光性强，晚秋不明显。产卵于茎秆、叶柄、主脉、枝条等组织内，每处产卵6~12粒，排列整齐，表皮成肾形凸起。非越冬卵期9~15天，越冬卵期5个月以上。春季主要危害花卉及杂草等植物，9、10月则集中于秋季花卉及其他植物上危害，10月中下旬第三代成虫陆续转移到果树、木本花卉和林木上危害并产卵于枝条内，直至秋后，以卵越冬。

防治方法

农业防治　彻底清除园内外杂草，减少叶蝉生活场所；发现产卵虫枝及时剪除销毁。

物理防治　夏季灯光诱杀第二代成虫，减少三代的发生。

化学防治　成虫、若虫危害期，喷洒90%晶体敌百虫1000倍液或2.5%溴氰菊酯乳油2000~3000倍液、10%吡虫啉可湿性粉剂3000倍液、52.25%蜱·氯乳油1500倍液、2%异丙威粉剂每亩2千克等。

72　果剑纹夜蛾（图2-72-1，图2-72-2）

属鳞翅目夜蛾科。又名樱桃剑纹夜蛾。

分布与寄主

分布　全国各产区。

寄主　樱桃、苹果、山楂、杏、梨、桃、李等果树和林木。

危害特点　初龄幼虫食叶的表皮和叶肉，仅留下表皮，似纱网状；3龄后把叶吃成长圆形孔洞或缺刻，也啃食幼果果皮。

形态诊断 成虫：体长11~22毫米，翅展37~41毫米；头部和胸部暗灰色，腹部背面灰褐色；前翅灰黑色，黑色基剑纹、中剑纹、端剑纹明显；后翅淡褐色；足黄灰黑色。卵：白色透明似馒头形，直径0.8~1.2毫米。幼虫：体长25~30毫米，绿色或红褐色，头部褐色具深斑纹；背线红褐色，亚背线赤褐色，气门上线黄色，中胸、腹部第二、三、九节背部各具黑色毛瘤1对，腹部第一、四~八节各具黑色毛瘤2对，生有黑长毛。蛹：长11.2~15.5毫米，纺锤形，深红褐色。茧：长16~19毫米，纺锤形，丝质薄茧外多黏附碎叶或土粒。

发生规律 1年发生2~3代，以茧蛹在地上草丛、土中或树皮裂缝中越冬。越冬成虫于4月下旬至5月中旬羽化；第一代成虫于6月下旬至7月下旬羽化；第二代于8月上旬至9月上旬羽化。成虫昼伏夜出，具趋光性和趋化性；羽化后短时间即交配产卵，卵期4~8天。幼虫期第一代19~35天，第二代22~31天，第三代23~43天。天敌有夜蛾绒茧蜂等。

防治方法

物理防治 成虫发生期利用糖醋液或黑光灯、高压汞灯诱杀成虫。

农业防治 秋末深翻树盘消灭越冬虫蛹。

化学防治 各代卵孵化盛期喷洒50%杀螟硫磷乳油或52.25%蜱·氯乳油1500倍液、20%甲氰菊酯乳油2000倍液、2.5%溴氰菊酯乳油或20%氰戊菊酯乳油3000~3500倍液、10%联苯菊酯乳油4000~5000倍液等。

73 褐刺蛾（图2-73-1至图2-73-6）

属鳞翅目刺蛾科。又名桑褐刺蛾、桑刺毛虫。

分布与寄主

分布 除东北、西北少数地区外，全国各产区都有分布。

寄主 樱桃、桃、梨、柿、板栗、葡萄、茶、桑、柑橘、白杨等。

危害特点 初孵幼虫取食叶肉，仅残留透明的表皮，随虫龄增大食叶仅残留叶脉。

形态诊断 成虫：体长1.5~1.8厘米，翅展3.1~3.9厘米，身体土褐色至灰褐色。前翅前缘近2/3处至近肩角和近臀角处，各具1暗褐色弧形横线，两线内侧衬影状带，外横线较垂直，外衬铜斑不清晰，仅在臀角呈梯形；雌蛾体上斑纹较雄蛾浅。卵：扁椭圆形，黄色，半透明。幼虫：成龄体长3.5厘米左右，黄色，背线天蓝色，各节在背线前后各具1对黑点，亚背线各节具1对突起，其中后胸及第一、五、八、九腹节突起最大。茧：灰褐色，椭圆形。

发生规律 1年发生2~4代，以老熟幼虫在树干附近土中结茧越冬。3代区成虫分别在5月下旬、7月下旬、9月上旬出现，成虫夜间活动，有趋光性，卵多成块产在叶背，每雌产卵300多粒，幼虫孵化后在叶背群集并取食叶肉，半月后分散危害，取食叶片。老熟后入土结茧化蛹。

防治方法

农业防治　①处理幼虫危害叶和灭茧。多种刺蛾如丽绿刺蛾、黄刺蛾等的幼龄幼虫多群集取食，被害叶显现白色或半透明的表皮，很容易发现。此时斑块附近常栖有大量幼虫，及时摘除带虫枝、叶，加以处理，效果明显。褐刺蛾、丽绿刺蛾等的老熟幼虫常沿树干下行至树基部或地面结茧，可采取树干绑草等方法诱其结茧及时予以清除。②清除越冬虫茧。刺蛾越冬茧期长达7个月以上，此期果园作业较空闲，可根据不同刺蛾越冬场所之异同采用敲、挖、剪除等方法清除虫茧。

物理防治　利用刺蛾成虫具有较强趋光性特性，在成虫羽化期于19：00～21：00用灯光诱杀。

生物防治　利用刺蛾天敌防治，如刺蛾紫姬蜂、广肩小蜂、上海青蜂、爪哇刺蛾姬蜂、健壮刺蛾寄蝇等。

化学防治　在刺蛾低龄幼虫期防治效果好，有效药剂有90%晶体敌百虫1500倍液、50%马拉硫磷乳油2000倍液、2.5%溴氰菊酯乳油3000倍液、20%氰戊菊酯乳油3000倍液、50%杀螟硫磷乳油、40%辛硫磷乳油1500～2000倍液、25%甲萘威可湿性粉剂700倍液等叶面喷洒防治。

⑺⒋ 梨蝽（图2-74-1至图2-74-3）

属半翅目异蝽科。又名梨椿象、花壮异蝽、臭大姐、臭板虫。

分布与寄主

分布　全国各产区。

寄主　梨、樱桃、杏、李、桃、苹果等果树。

危害特点　成虫、若虫刺吸枝梢和果实汁液。枝条被害后，生长缓慢，影响树势，严重时枯萎死亡。果实受害后生长畸形，硬化，不堪食用，失去商品价值。

形态诊断　成虫：体长10～13毫米，宽5毫米，扁平椭圆形，褐色至黄绿色；头淡黄色，中央有2条褐色纵纹；触角丝状5节；前胸背板、小盾片、前翅革质部分均有黑色细小刻点，前胸前缘有一黑色"八"字形纹；腹部两侧有黑白相间的斑纹，常露于翅缘外面，腹面黑斑内侧有3个小黑点。若虫：形似成虫，无翅，初孵化时黑色；前胸背板两侧有黑色斑纹；腹部棕黄色，各节均有黑色斑纹和小红点，背面中央有3条长方形黑色斑纹。卵：椭圆形，直径0.8毫米，淡黄绿色，常20~30粒排列在一起。

发生规律　山东1年发生1代，以2龄若虫在树干及主侧枝的翘皮下、裂缝中越冬。翌春果树发芽时开始活动危害。6月上中旬羽化为成虫，危害枝条和果实。成虫寿命3~4个月，8月下旬至9月上旬产卵。卵成堆产在枝干粗皮裂缝间和枝干分杈处。卵期10天左右。若虫寻觅适当场所越冬。

防治方法

农业防治　冬春季刮除树干和主枝上的老翘皮，消灭越冬若虫；成虫产卵期，在果园巡回检查，发现卵块及时除去。

化学防治　春季果树发芽期是越冬若虫出蛰期，也是喷药防治的最佳期。要及时喷洒48%毒死蜱乳油或20%氰戊菊酯乳油2000倍液、50%杀螟硫磷乳油1000倍液、25%灭幼脲悬浮剂1500~2000倍液等。

75　梨刺蛾（图2-75-1，图2-75-2）

属鳞翅目刺蛾科。又名梨娜刺蛾。危害植物的芽、叶。

分布与寄主

分布　全国各产区。

寄主　梨、苹果、桃、李、杏、樱桃、枣、核桃、柿、杨树等90多种植物。

危害特点　幼虫啃食芽和叶片，将其啃吃成很多孔洞、缺刻或仅留叶柄、主脉，严重影响树势和果实产量。

形态诊断　成虫：体长14~16毫米，翅展29~36毫米，黄褐色；雌虫触角丝状，雄虫触角羽毛状；胸部背面有黄褐色鳞毛；前翅黄褐色至暗褐色，外缘为深褐色宽带，前缘有近似三角形的褐斑；后翅褐色至棕褐色；缘毛黄褐色。卵：扁圆形，白色，数十粒至百余粒排列成状状。幼虫：老熟幼虫体长22~25毫米，暗绿色；各体节有4个横列小瘤状突起，其上生刺毛。其中前胸、中胸和第六、第七腹节背面的瘤突较大且刺毛较长，形成枝刺，伸向两侧，黄褐色。蛹：黄褐色，体长约12毫米。

发生规律　1年发生1代，以老熟幼虫在土中结茧，以前蛹越冬，翌春化蛹，7~8月份出现成虫；成虫昼伏夜出，有趋光性，产卵于叶片上。幼虫孵化后取食叶片，发生盛期在8~9月份。幼虫老熟后从树上爬下，入土结茧越冬。在正常管理的果园，梨刺蛾的发生数量一般不大，在管理粗放的果园，有时发生较多。

防治方法

农业防治　①结合整枝、修剪、除草和冬季清园、松土等，清除枝干上、杂草中的越冬虫体，破坏地下的蛹茧，以减少越冬虫源。②幼虫群集危害期人工捕杀。

物理防治　利用成蛾趋光习性，结合防治其他害虫，在6~8月成虫发生盛期，设诱虫灯、糖醋液盆等诱杀成虫。

生物防治　秋冬季摘虫茧，放入纱笼，保护和引放寄生蜂；用每克含孢子

100亿的白僵菌粉0.5~1千克，在雨湿条件下防治1~2龄幼虫。

化学防治　幼虫孵化盛期及时喷洒90%晶体敌百虫或50%马拉硫磷乳油、25%亚胺硫磷乳油、50%杀螟硫磷乳油、30%乙酰甲胺磷乳油等900~1000倍液；还可选用50%辛硫磷乳油1400倍液或10%联苯菊酯乳油5000倍液、2.5%鱼藤酮300~400倍液、52.25%蜱·氯乳油1500~2000倍液等。

76 梨叶蜂（图2-76-1，至图2-76-2）

属膜翅目叶蜂科。又名桃黏叶蜂。

分布与寄主

分布　河南、山东、山西、陕西、江苏、四川等地及周边产区。

寄主　梨、桃、李、杏、樱桃、山楂、柿等果树。

危害特点　以幼虫危害叶片，幼虫取食时多以胸、腹足抱持叶片，尾端常翘起。低龄幼虫食害叶肉，仅残留表皮，幼虫稍大后取食叶片呈不规则缺刻与孔洞，严重发生时将叶片吃得残缺不全，甚至仅残留叶脉，从而影响树体生长及树势。

形态诊断　成虫：体粗短，长10~13毫米，宽5毫米，黑色，有光泽；头部较大，触角丝状9节，上生细毛；复眼暗红色至黑色，单眼3个，在头顶呈三角形排列；前胸背板后缘向前凹入较深；雄虫胸部全黑色，雌虫胸部两侧和肩板黄褐色；翅宽大、透明，微带暗色，翅脉和翅痣黑色；足淡黑褐色，跗节5节，前足胫节具端距2个。雄虫腹部筒形，雌虫略呈竖扁，产卵器锯状。卵：绿色，略呈肾形，长1毫米左右，两端尖细。幼虫：体长10毫米，黄褐至绿色。头近半球形，每侧单眼1个，其上部有褐色圆斑；体光滑，胸部膨大，胸足发达，腹足6对，着生在第二至六腹节和第十腹节上；臀足较退化；初孵幼虫头部褐色，体淡黄绿色。单眼周围和口器黑色。

发生规律　1年发生代数不详。以末龄幼虫在土茧中越冬。河南、南京一带成虫于6月羽化出土，飞到树上交尾产卵，未经交尾的雌虫亦能产卵，且能孵化为幼虫。卵期10天左右，幼虫孵化后取食叶片。陕西8月上旬进入幼虫危害盛期。幼虫于9月上中旬老熟后下树入土结茧，在土层3厘米处越冬。

防治方法

农业防治　冬春季耕翻果园，使越冬茧暴露出地面或埋入深处，可杀灭越冬幼虫。

化学防治　①6月成虫羽化出土时，地面用25%辛硫磷微胶囊剂300倍液或40%哒嗪硫磷乳油450倍液喷洒树盘地表，防治出土成虫。②幼虫危害期，叶面喷洒90%晶体敌百虫或50%辛硫磷乳油1200~1300倍液防治、2%氟丙菊酯乳油1500~2000倍液、20%啶虫脲可湿性粉剂2000倍液等。

77 柳毒蛾（图2-77-1至图2-77-4）

鳞翅目毒蛾科。又名杨雪毒蛾、杨毒蛾。

分布与寄主

分布 我国北起黑龙江、内蒙古、新疆，南至浙江、江西、湖南、贵州、云南等地及周边地区都有分布，淮河以北密度较大。

寄主 梨、板栗、樱桃、杏、桃、梅、茶树、杨、柳、栎树等多种果树和林木。

危害特点 以幼虫啃食叶片，受害叶片呈缺刻或孔洞状，严重时叶片被食光，仅留叶皮及叶脉，呈网状。

形态诊断 成虫：体长12～13毫米，雄成虫翅展35～45毫米，雌成虫翅展45～60毫米。体白色，具光泽；头、胸、腹部稍带浅黄色，栉齿灰褐色；下唇须、复眼外侧为黑色，足白色，胫节和跗节有黑环。前翅稀布鳞片，微带透明光泽，前缘和基部微带黄色；触角黑色，带有白色环节，黑白相间呈斑点状。卵：直径0.8～1毫米，扁圆形，绿色至褐色，卵块上被灰色泡沫状物。幼虫：老熟幼虫体长35～50毫米；头部灰黑色，有棕白色毛；体黄色，亚背线黑褐色，气门上线和下线由黑点组成；体腹面和胸足暗黄色，腹足灰黑色；瘤棕黄色，有黄白色刚毛。蛹：体长15～25毫米，灰褐黑色带黄白色斑，气门棕黑色；刚毛黄白色。

发生规律 东北1年发生1代，华北2代，以2龄幼虫在树皮缝中作薄茧越冬。翌年3～4月中旬，寄主展叶期开始活动，5月中旬幼虫体长10毫米左右，白天爬到树洞里或建筑物的缝隙及树下各种物体下面躲藏，夜间上树危害。6月中旬幼虫老熟化蛹，6月底成虫羽化，有的把卵产在枝干上，7月初第一代幼虫开始孵化危害，1～2龄幼虫有群集性，可吐丝下垂借风传播；9月底二代幼虫陆续钻入树皮缝中作茧越冬。一、二代卵期10天左右，一代幼虫期35天、二代240天，越冬代蛹期8天，一代为10天。成虫有趋光性，雌虫较明显，夜间活动，多将卵产在树皮或叶片上，堆积成大的灰白色卵块。

防治方法

物理防治 利用成虫有趋光性，可用黑光灯和频振式杀虫灯诱杀。

农业防治 9月初，幼虫下树越冬前，用干草在树干基部捆扎20厘米宽的草脚，翌年3月撤除干草并烧毁。

化学防治 发生盛期用40%辛硫磷乳油1000倍液、20%氰戊菊酯乳油1500倍液、2%异丙威可湿性粉剂2000倍液等喷杀幼虫，可间隔7～10天，连用1～2次。

78 苹掌舟蛾（图2-78-1至图2-78-6）

属鳞翅目舟蛾科。又名舟形毛虫、苹果天社蛾、黑纹天社蛾、举尾毛虫、举肢毛虫、秋黏虫、苹天社蛾、苹黄天社蛾等。

分布与寄主

分布　全国各产区。

寄主　苹果、山楂、核桃、樱桃、梨、杏、桃、李、板栗、枇杷等果树和林木。

危害特点　初龄幼虫啃食叶肉，仅留表皮，呈箩底状，稍大后把叶食成缺刻或仅残留叶柄，严重时把叶片吃光，造成二次开花。

形态诊断　成虫：体长22~25毫米，翅展49~52毫米，头胸部淡黄白色，腹背雄蛾浅黄褐色，雌蛾土黄色，末端均淡黄色；触角丝状；前翅银白色，在近基部生1长圆形斑，外缘有6个椭圆形斑，横列成带状，各斑内端灰黑色，外端茶褐色，中间有黄色弧线隔开；翅中部有淡黄色波浪状线4条；后翅浅黄白色，近外缘处生一褐色横带。卵：球形，直径约1毫米，初淡绿渐变灰色。幼虫：体长55毫米左右，被灰黄长毛；头、前胸、臀板、足均黑色，胴部紫黑色，体侧具3条紫红色线，并具多个淡黄色的长毛簇。蛹：长20~23毫米，暗红褐色至黑紫色，腹末有臀棘6根。

发生规律　1年发生1代，以蛹在树冠下土中越冬，翌年7月上旬至下旬羽化，成虫昼伏夜出，趋光性强。卵多产在树体东北面的中下部枝条的叶背，数十粒或百余粒密集成块。卵期6~13天。低龄幼虫傍晚至早晨或阴天群集叶面，头向叶缘排列成行，由叶缘向内啃食。低龄幼虫遇惊扰或震动时，成群吐丝下垂。稍大后分散取食，白天多栖息在叶柄或枝条上，头尾翘起，状似小舟，故称舟形毛虫。幼虫期31天左右，成龄后食量大，常把叶片吃光。幼虫老熟后下树入土化蛹越冬。

防治方法

农业防治　冬春季翻耕树盘，利用低温和鸟食消灭越冬蛹；在幼虫分散危害前，及时剪除幼虫群居的枝叶烧毁；利用幼虫吐丝下垂的习性，人工震落捕杀幼虫。

生物防治　在卵发生期的7月中下旬释放松毛虫赤眼蜂，卵被寄生率可达95%以上，灭卵效果好。也可在幼虫期喷洒每克含300亿孢子的青虫菌粉剂1000倍液。

物理防治　成虫发生期利用黑光灯诱杀成虫。

化学防治　卵孵化前后和幼虫分散危害前是树上施药的关键期。可喷洒48%毒死蜱乳油或40%乙酰甲胺磷乳油、50%杀螟硫磷乳油1000~1200倍液、90%晶体敌百虫800倍液、20%戊菊酯乳油1500~2000倍液、10%醚菊酯乳油800~1000倍液、25%灭幼脲悬浮剂1500倍液、3%啶虫脒乳油2000倍液等。

79　山楂绢粉蝶（图2-79-1，图2-79-2）

属鳞翅目粉蝶科。又名山楂粉蝶、苹果粉蝶、苹果白蝶、梅白粉蝶、树粉蝶。

分布与寄主

分布　全国各产区。

寄主　山楂、苹果、梨、李、杏、樱桃、桃等果树。

危害特点　幼虫危害芽、叶和花蕾，初孵幼虫群居于树冠上，吐丝结网成巢，日间潜伏于巢内，夜晚危害；随虫龄增大，分散危害，严重时将树叶吃光。

形态诊断　成虫：体长22~25毫米，翅展64~76毫米，体黑色，头胸及足被淡黄白色至灰白鳞毛，触角棒状；翅白色，翅脉黑色，前翅外缘各脉末端都有1个三角形黑斑；雌腹部较大，雄瘦小。卵：柱形，顶端稍尖，高1~1.5毫米，直径0.5毫米左右，初产金黄渐变淡黄色。幼虫：体长38~45毫米，体上有稀疏淡黄色长毛间有黑毛，间布许多小黑点；头胸部、胸足和臀板黑色；胴部背面有3条黑色纵带，其间夹有两条黄褐色纵带，腹面紫灰色。蛹：长约25毫米，分黑色和黄色两种形态，体上布许多黑色斑点。

发生规律　1年发生1代，以低龄幼虫群集在树冠上用丝缀叶成巢并在其中越冬。寄主春季发芽时开始活动，夜伏昼动，群集危害芽、嫩叶和花器。较大幼虫离巢危害，老熟幼虫在枝干、树下杂草、砖石瓦块等处化蛹，蛹期14~23天。成虫白天活动，在株间飞舞吸食花蜜。单雌产卵200~500粒，卵多块产于嫩叶正面，卵期10~17天。低龄幼虫在叶面上群居哨食，并吐丝缀连被害叶成巢。于8月间在巢内结茧群集越冬。天敌有黑瘤姬蜂、绒茧蜂、寄蝇等。

防治方法

农业防治　摘虫巢灭虫。冬春季彻底摘除树上不脱落的枯叶虫巢，消灭其内越冬幼虫，简单有效防虫效果好。卵期摘卵块灭卵。

化学防治　卵孵化前后是防治的关键期，可喷洒50%马拉硫磷乳油或48%哒嗪硫磷乳油、50%杀螟硫磷乳油、25%喹硫磷乳油1000~1200倍液、2.5%三氟氯氰菊酯乳油或2.5%溴氰菊酯乳油、20%氰戊菊酯乳油3000~3500倍液、10%联苯菊酯乳油4000倍液或52.25%蜱·氯乳油1500倍液等。

⑧⓪　**柿黄毒蛾**（图2-80-1至图2-80-6）

属鳞翅目毒蛾科。又名黄毒蛾、折带黄毒蛾、杉皮毒蛾。

分布与寄主

分布　黑龙江、辽宁、河南、河北、山东、江苏、安徽、浙江、江西、福建、湖北、湖南、广西、广东、陕西、四川等地。

寄主　柿、石榴、苹果、海棠、梨、山楂、樱桃、桃、李、梅、枇杷、板栗、榛、茶、蔷薇等。

危害特点　幼虫食芽、叶，将叶吃成缺刻或孔洞，严重的将叶片吃光，并哨食枝条的皮。

形态诊断 成虫：雌体长15~18毫米，翅展35~42毫米；雄略小；体黄色或浅橙黄色。触角栉齿状，雄较雌发达；复眼黑色；下唇须橙黄色。前翅黄色，中部具棕褐色宽横带1条，从前缘外斜至中室后缘，折角内斜止于后缘，形成折带，故称折带黄毒蛾。带两侧为浅黄色线镶边，翅顶区具棕褐色圆点2个，位于近外缘顶角处及中部偏前。后翅无斑纹，基部色浅，外缘色深。缘毛浅黄色。卵：半圆形或扁圆形，直径0.5~0.6毫米，淡黄色，数十粒至数百粒成块，排列为2~4层，卵块长椭圆形，并覆有黄色绒毛。幼虫：体长30~40毫米，头黑褐色，上具细毛。体黄色或橙黄色，胸部和第五至十腹节背面两侧各具黑色纵带1条，其胸部者前宽后窄，前胸下侧与腹线相接，五至十腹节者则前窄后宽，至第八腹节两线相接合于背面。臀板黑色，第八节至腹末背面为黑色。第一、二腹节背面具长椭圆形黑斑，毛瘤长在黑斑上。各体节上毛瘤暗黄色或暗黄褐色，其中一、二、八腹节背面毛瘤大而黑色，毛瘤上有黄褐色或浅黑褐色长毛。腹线为1条黑色纵带。胸足褐色，具光泽，腹足发达，淡黑色，疏生淡褐色毛。背线橙黄色，较细，但在中、后胸节处较宽，中断于体背黑斑上。气门下线淡橙黄色，气门黑褐色近圆形。腹足、臀足趾钩单纵行，趾钩39~40个。蛹：长12~18毫米，黄褐色，臀棘长，末端有钩。茧：长25~30毫米，椭圆形，灰褐色。

发生规律 1年发生2代，以3~4龄幼虫在树洞或树干基部树皮缝隙、杂草、落叶等杂物下结网群集越冬。翌春上树危害芽叶。老熟幼虫5月底结茧化蛹，蛹期约15天。6月中下旬越冬代成虫出现，并交尾产卵，卵期14天左右。第一代幼虫7月初孵化，危害到8月底老熟化蛹，蛹期约10天。第一代成虫9月发生后交尾产卵，9月下旬出现第二代幼虫，危害到秋末。以3~4龄幼虫越冬。幼虫孵化后多群集叶背危害，并吐丝网群居枝上，老龄时多至树干基部、各种缝隙吐丝群集，多于早晨及黄昏取食。成虫昼伏夜出，卵多产在叶背，每雌产卵600~700粒。该虫寄生性天敌有寄生蝇等20多种。

防治方法

农业防治 冬春季清除园内及四周落叶杂草，刮树皮，杀灭越冬幼虫。及时摘除卵块，捕杀群集幼虫。

化学防治 低龄幼虫危害期叶面喷洒80%丙硫磷乳油或48%哒嗪硫磷乳油、50%二嗪磷乳油、50%马拉硫磷乳油1000倍液、2.5%溴氰菊酯乳油3000~3500倍液、10%联苯菊酯乳油4000倍液等。

81 舞毒蛾（图2-81-1至图2-81-5）

属鳞翅目毒蛾科。又名柿毛虫、松针黄毒蛾、秋千毛虫。

分布与寄主

分布 全国各产区。

寄主 柿、苹果、柑橘、桃等500余种植物。

危害特点 初孵幼虫群栖危害，稍大后分散危害，白天潜藏在树皮缝、枝杈、树下杂草等多种隐蔽场所，傍晚上树。幼虫蚕食叶片，严重时整树叶片被吃光。

形态诊断 成虫：雄虫体长18~20毫米，翅展45~47毫米，暗褐色；头黄褐色，触角羽状褐色；前翅外缘色深呈带状，翅面上有4~5条深褐色波状横线，中室中央有一黑褐色圆斑，中室端横脉上有一黑褐色"<"形斑纹，外缘脉间有7~8个黑点；后翅色较淡，外缘色较浓成带状。雌虫体长25~28毫米，翅展70~75毫米，污白微黄色；触角黑色短羽状，前翅上的横线与斑纹同雄虫相似，暗褐色；后翅近外缘有一条褐色波状横线；外缘脉间有7个暗褐色点；腹部肥大，末端密生黄褐色鳞毛。卵：卵圆形，0.9~1.3毫米，黄褐至灰褐色。幼虫：体长50~70毫米，头黄褐色，正面有"八"字形斑纹；胴部背面灰黑色，背线黄褐，腹面带暗红色；胸、腹足暗红色；各体节各有6个毛瘤横列，背面中央的一对色艳，上生棕黑色短毛，两侧的毛瘤上生黄白与黑色长毛一束。蛹：长19~24毫米，红褐至黑褐色。

发生规律 1年发生1代，以卵块在树体上、树下砖石块等处越冬。寄主发芽时孵化，初龄幼虫日间多群栖，夜间取食，受惊扰吐丝下垂借风力扩散，故称秋千毛虫。稍大后分散取食，白天栖息在树杈、皮缝或树下土石缝中，傍晚成群上树取食。幼虫期50~60天，6月中下旬陆续老熟爬到隐蔽处结薄茧化蛹，蛹期10~15天。7月成虫大量羽化。成虫有趋光性，雄蛾白天在枝叶间飞舞；雌体大、笨重，很少飞行，常在化蛹处附近产卵，在树上多产于枝干的阴面，卵400~500粒成块，形状不规则，上覆雌蛾腹末的黄褐色鳞毛。天敌主要有舞毒蛾黑瘤姬蜂、喜马拉雅聚瘤姬蜂、脊腿匙宗瘤姬蜂、舞毒蛾卵平腹小蜂、梳胫饰腹寄蝇、毛虫追寄蝇、隔脑狭颊寄蝇等。

防治方法

农业防治 冬春季清理树下砖石、土块，消灭越冬卵。幼虫发生期利用幼虫白天下树潜伏习性，在树干基部堆放砖石瓦块，诱集捕杀幼虫。

生物防治 保护和利用天敌。

化学防治 ①在幼虫孵化盛期和分散危害前，喷洒90%晶体敌百虫或50%杀螟硫磷乳油、50%辛硫磷乳油、90%杀螟丹可湿性粉剂1000倍液、2.5%溴氰菊酯乳油或20%氰戊菊酯乳油、1.8%阿维菌素乳油、10%联苯菊酯乳油3000倍液、52.25%蜱·氯乳油1500~2000倍液。②于傍晚幼虫上树前，在树干上喷洒高效低毒低残留的触杀剂或在树干上涂50~60厘米宽的药带，毒杀幼虫。

82 杨枯叶蛾 (图2-82-1至图2-82-4)

属鳞翅目枯叶蛾科。又名柳星枯叶蛾、柳毛虫、柳枯叶蛾。

分布与寄主

分布　全国各地。

寄主　樱桃、核桃、桃、李、杏、苹果等果树。

危害特点　幼虫食芽和叶片，食叶成孔洞或缺刻，严重时将叶片吃光仅留叶柄。

形态诊断　成虫：体长25~40毫米，翅展40~85毫米，雄较小；全体黄褐色，腹面色浅，头胸背中央具暗色纵线一条；触角双栉齿状；前翅窄，外缘和内缘波状弧形，翅上具5条黑色波状横线，近中室端具一黑色肾形小斑；后翅宽短，外缘波状弧形，翅上有黑横线3条。卵：白色近球形，长约1.5毫米。幼虫：体长85~100毫米，灰绿或灰褐色，生有灰长毛，腹部两侧生灰黑毛丛；中、后胸背面后缘各具一黑色刷状毛簇，中胸者大且明显；第八腹节背面中央具一黑瘤突，上生长毛；体背具黑色纵斜纹，体腹面浅黄褐色；胸、腹足俱全。蛹：椭圆形，长33~40毫米，浅黄至黄褐色。茧：长椭圆形，40~55毫米，灰白色略带黄褐色，丝质。

发生规律　东北、华北1年发生1代、华东、华中2代，均以低龄幼虫于枝干或枯叶中越冬，翌春活动，于夜晚取食嫩芽或叶片，幼虫老熟后吐丝缀叶于内结茧化蛹。1代区成虫6~7月发生，2代区5~6月和8~9月发生。成虫昼伏夜出，有趋光性，静止时似枯叶。成虫产卵于枝干或叶上，几粒或几十粒单层或双层块状。幼虫孵化后分散危害，1代区幼虫发育至2~3龄，体长30毫米左右时停止取食，爬至枝干皮缝、树洞或枯叶中越冬。2代区一代幼虫30~40天老熟结茧化蛹，羽化后继续繁殖；二代幼虫达2~3龄即越冬。一般10月陆续进入越冬状态。

防治方法

农业防治　结合冬春树体管理捕杀幼虫。

物理防治　成虫发生期利用黑光灯或高压汞灯诱杀成虫。

化学防治　幼虫出蛰后及时施药防治，可喷洒25%喹硫磷乳油或50%杀螟硫磷乳油、48%哒嗪硫磷乳油、50%马拉硫磷乳油1000倍液、52.25%蜱·氯乳油1500倍液、10%氯菊酯乳油2000~2500倍液、20%辛·氰乳油1500倍液等。

83　枣尺蠖（图2-83-1至图2-83-4）

属鳞翅目尺蛾科。又名枣步曲。

分布与寄主

分布　长江以北产区。

寄主　枣、苹果、梨、桃等果树。

危害特点　幼虫食害芽、叶成孔洞和缺刻，严重时将叶片吃光。

形态诊断 成虫：雌雄异型。雌体长12~17毫米，被灰褐色鳞毛，无翅，头细小，触角丝状，足灰黑色，腹部锥形，尾端有黑色鳞毛一丛；雄体长10~15毫米，翅展30~33毫米，灰褐色，触角橙褐色羽状，前翅内、外线黑褐色波状，前后翅中室均有黑灰色斑点1个。卵：椭圆形，长0.95毫米，初淡绿渐至褐色。幼虫：1龄幼黑色，有5条白色纵走纹；2龄幼虫绿色，有7条白色纵走条纹；3龄幼虫灰绿色，有13条白色纵条纹；4龄幼虫纵条纹变为黄色与灰白色相间；5龄幼虫（老熟幼虫）体长约45毫米，灰褐色或青灰色，有多条黑色纵线及灰黑色花纹，胸足3对，腹足1对，臀足1对。蛹：长10~15毫米，纺锤形，黄至红褐色。

发生规律 1年发生1代，以蛹在土中5~10厘米处越冬。翌年3月下旬羽化为成虫。早春多雨利其发生，土壤干燥出土延迟且分散，有的拖后40~50天。雌蛾出土后栖息在树干基部或土块上、杂草中，夜间爬到树上等雄蛾飞来交尾，雄蛾具趋光性。卵多产在树皮缝内或树杈处，卵期10~25天，一般枣发芽时开始孵化，幼虫历期30天左右，具吐丝下垂习性，5月底到7月上旬，幼虫陆续老熟入土化蛹，越夏和越冬。天敌有枣尺蠖寄蝇、家蚕追寄蝇、枣步曲肿正付姬蜂等。

防治方法

农业防治 冬春季耕翻树盘，利用冻害或鸟食灭蛹；幼虫发生期震落捕杀幼虫，或在树干基部束绑宽约10厘米的塑料薄膜，膜下部用土压实，于薄膜上涂黄油或废机油，阻止幼虫上树。

生物防治 用苏云金杆菌加水兑成每毫升含0.1亿~0.25亿个孢子的菌液，并加入十万分之一的敌百虫于幼虫期喷洒；也可田间采集被病毒感染的病死虫，研磨后，用纱布过滤，对水喷雾，每亩桃林用病毒死虫7~10条，在幼虫期喷洒均有良好防效。

化学防治 ①地面施药。在树干周围喷洒90%晶体敌百虫800~1000倍液或撒布40%辛硫磷颗粒剂，施药后地面用齿耙来回耧耙几次，使药土混匀，阻止成虫上树并毒杀成虫及初孵幼虫。②叶面喷药。在幼虫孵化前后喷洒20%甲氰菊酯乳油或2.5%溴氰菊酯乳油2500倍液、2.5%三氟氯氰菊酯乳油或50%顺式氰戊菊酯乳油3000倍液、20%氰戊菊酯乳油2000倍液、50%杀螟硫磷乳油1000倍液。

84 碧蛾蜡蝉（图2-84-1至图2-84-3）

属同翅目蛾蜡蝉科。又名碧蜡蝉、黄翅羽衣、橘白蜡虫。

分布与寄主

分布 全国各桃产区。

寄主 柿、杏、苹果、无花果、柑橘、桃等果树。

危害特点 以成虫、若虫刺吸寄主植物茎、枝、叶的汁液，严重时茎、枝和叶上布满白色蜡质，致使树势衰弱，造成落花落果。

形态诊断　成虫：体长7毫米，翅展21毫米，黄绿色；复眼黑褐色；前胸背板短，背板上有2条褐色纵带；中胸背板长，上有3条平行纵脊及2条淡褐色纵带；腹部浅黄褐色，覆白粉；前翅宽阔，外缘平直，翅脉黄色，红色细纹绕过顶角经外缘伸至后缘爪片末端；后翅灰白色，翅脉淡黄褐色；静息时，翅常纵叠成屋脊状。卵：纺锤形，长1毫米，乳白色。若虫：老熟若虫体长8毫米，体扁平，绿色，全身覆以白色棉絮状蜡粉，腹末附白色长的绵状蜡丝。

发生规律　1年发生1~2代。以卵在枯枝中越冬，翌年5月上中旬孵化，7~8月若虫老熟，羽化为成虫，至9月受精雌成虫产卵于小枯枝表面和木质部。广西等地1年发生2代，以卵越冬，也有以成虫越冬的。第一代成虫6~7月发生，第二代成虫10月下旬至11月发生。一般若虫发生期3~11个月。

防治方法

农业防治　加强果园管理，改善通风透光条件，增强树势。冬春季剪去枯枝，消灭其内越冬卵；幼虫发生期出现白色棉絮状物时，用木杆触动使若虫落地捕杀之。

化学防治　在若虫孵化盛期喷洒50%杀螟硫磷乳油或90%晶体敌百虫、50%辛硫磷乳油、50%马拉硫磷乳油等1000倍液、10%醚菊酯乳油、20%乙氰菊酯乳油2000倍液等。

85　褐点粉灯蛾（图1-85-1至图1-85-3）

属鳞翅目灯蛾蛾。又名粉白灯蛾。

分布与寄主

分布　南方桃产区。

寄主　柿、桃、苹果、桃、梨、核桃、梅等果树。

危害特点　幼虫啃食桃树叶片，并吐丝织半透明的网，可将叶片表皮、叶肉啃食殆尽，叶缘成缺刻，受害叶卷曲，色变枯黄、暗红褐色。严重时叶片被吃光。

形态诊断　成虫：体白色；雌蛾体长约20毫米，翅展约56毫米；雄蛾体长约16毫米，翅展约30毫米；成虫头部腹面橘黄色，两边及触角黑色；前翅前缘脉上有4个黑点，内横线、中线、外横线、亚外缘线为一系列灰褐色点；后翅亚外缘线为一系列褐点；腹部背面橘黄色，基部具有一些白毛。卵：圆形，径约0.4毫米，浅红至浅黄色；卵粒常堆集并排列成数层。幼虫：体长23~40毫米，头浅玫瑰红色，体深灰色，具黄斑及黄色的背线。体具茶色毛瘤，其上密生黑、白色相间的长刺毛，前胸背板黑色，胸足黑色，腹足与臀足红色。蛹：红褐色，圆筒形。茧：长椭圆形，白色或浅黄色，由幼虫体毛和丝组成，丝质半透明。

发生规律　1年发生1代，以蛹越冬。翌年5月上中旬羽化，成虫昼伏夜出，有趋光性。雌蛾产卵于叶背面，卵块产，呈椭圆形或不规则块状。卵期10~23天，6月上中旬孵化。初龄幼虫在嫩梢与叶间织成半透明的网或用丝连缀叶片，群聚在网下取食，将叶片表皮、叶肉啃食殆尽，叶缘被食成缺刻。叶片被害后，卷曲枯黄直至变为棕褐色。随虫龄增大，食量增加，扩散危害。幼虫老熟后下树在地面落叶下、墙壁缝隙及其他隐蔽处结茧化蛹越冬。天敌有小茧蜂、寄生蝇、白僵菌等。

防治方法

农业防治　冬春季清除园内外枯叶杂草，消灭越冬蛹；产卵期及时摘除有卵叶片。

物理防治　成虫发生期，果园置黑光灯诱杀成虫。

生物防治　保护利用天敌。

化学防治　卵孵化期喷洒20%抑食肼可湿性粉剂1500~2000倍液或50%丙硫磷乳油1000倍液、10%醚菊酯乳油或20%氰戊菊酯乳油2000倍液等。

86　角斑古毒蛾（图2-86-1至图2-86-4）

属鳞翅目毒蛾科。又名核桃古毒蛾、赤纹夜蛾、杨白纹夜蛾、梨叶毒蛾、囊尾毒蛾。

分布与寄主

分布　黄淮、华北、西北产区。

寄主　柿、核桃、苹果、梨、桃、樱桃、山楂、杏等果树。

危害特点　以幼虫、成虫食芽、叶和果实。初孵幼虫群集叶背取食叶肉，残留上表皮，稍大后分散取食。危害芽多从芽基部蛀食成孔洞，致芽枯死；食害嫩叶，仅残留叶柄；成虫食叶成缺刻和孔洞，重时仅留粗脉；食害果实表面成不规则的凹斑和孔洞，幼果被害多脱落。

形态诊断　成虫：雌雄异型，雌体长10~22毫米，翅退化仅残留痕迹，体略呈椭圆形，灰至灰黄色，密被深灰色短毛和黄、白色绒毛；头很小，触角丝状；足灰色有白毛。雄体长8~12毫米，翅展25~36毫米，体灰褐色，触角短羽毛状；前翅黄褐至红褐色，翅基前半部有白鳞，后半部赭褐色，具波浪形白色细线，近前缘有1赭黄色斑，后缘有1新月形白斑，缘毛暗灰色；后翅栗褐色，缘毛黄灰色。卵：近球形，直径0.8~0.9毫米，初白色渐变灰黄色。幼虫：体长33~40毫米，头部灰至黑色，上生细毛；体黑灰色，被黄色和黑色毛，亚背线上生有白色短毛；前胸两侧各有1束向前伸的由黑色羽状毛组成的长毛；第一至四腹节背面中央各有1簇黄灰至深褐色刷状短毛；第八腹节背面有1束向后斜伸的黑长毛。蛹：长8~20毫米，雌灰色，雄黑褐色。茧：纺锤形，丝质较薄。

发生规律 东北1年发生1代，黄淮地区2代。均以幼虫于树皮缝中及干基部附近的落叶等覆盖物下越冬。1代区，越冬幼虫5月间出蛰危害，6月底老熟吐丝缀叶或于枝杈及皮缝等处结茧化蛹。蛹期6~8天。7月上旬羽化，雄蛾白天飞到于茧上栖息的雌蛾上交配。卵多块产于茧的表面，上覆雌蛾鳞毛。卵期14~20天，孵化后分散危害至越冬。2代区，4月上中旬寄主发芽时出蛰危害，5月中旬化蛹，蛹期15天左右，越冬代成虫6~7月羽化产卵，卵期10~13天。第一代幼虫6月下旬发生，第一代成虫8月中旬至9月中旬发生。第二代幼虫8月下旬发生，危害至9月中旬前后潜入越冬场所越冬，天敌有赤眼蜂、姬蜂、小茧蜂、细蜂、寄生蝇等20多种。

防治方法

农业防治 9月前树干上束草诱幼虫栖息，入冬后解草烧掉。冬春季彻底清除园内枯枝落叶，用硬刷子刮削老树皮、堵塞树洞等，消灭越冬幼虫。

生物防治 保护利用天敌。在成虫产卵期，每间隔7天左右，释放松毛虫赤眼蜂1次，连续3次，每株树每次释放3000~5000头，防治效果好。

化学防治 于卵孵化盛期和低龄幼虫期，喷洒90%晶体敌百虫800~1000倍液或50%杀螟硫磷乳油1000倍液、50%辛硫磷乳油1200倍液、50%马拉硫磷乳油1500倍液、5%氯氰菊酯乳油3000倍液、10%溴氰菊酯乳油3500~4000倍液、25%灭幼脲胶悬剂1200倍液等。

87 李短尾蚜（图2-87-1，图2-87-2）

属同翅目蚜科。

分布与寄主

分布 全国各产区。

寄主 李、杏、桃等果树。

危害特点 成虫、若虫群集于嫩梢、叶上刺吸汁液，嫩梢顶端弯曲畸形，幼枝节间缩短顶端停止生长，叶片向背面呈不规则卷缩，花芽生长受阻；重时嫩梢芽叶于夏季即枯死。

形态诊断 无翅孤雌蚜：体长椭圆形、淡黄色，长1.6毫米，宽0.83毫米；有翅孤雌蚜：体长1.7毫米，头、胸部黑色，腹部淡色，具黑色斑纹。卵：长约0.5毫米，初黄绿渐变为黑色。若蚜：与无翅孤雌蚜相似。

发生规律 以卵在果树上越冬，春季果树发芽时孵化为若虫（干母），群集于植物的嫩梢、嫩叶上危害。在河南北部5月份危害最重，6月中旬产生有翅蚜，迁飞至夏寄主伞形科和菊科植物上危害，故夏季在被害卷叶内见不到蚜虫。

9月下旬至10月在夏寄主上产生两性蚜飞回果树交尾产卵越冬。对黄色趋性强。天敌有瓢虫、草蛉、食蚜蝇、食蚜蟓类、茧蜂类、蚜小蜂、蚜霉菌等。

防治方法

农业防治　及时铲除果园内外杂草，减少蚜虫寄主；利用银灰色膜避蚜，采用黄油板诱杀。

生物防治　保护利用天敌，防治蚜虫发生。

化学防治　当有蚜株率达10%时始防治，喷洒50%抗蚜威可湿性粉剂1500倍液或20%吡虫啉可湿性粉剂3000~5000倍液、10%联苯菊酯乳油3000倍液、15%辛·阿维乳油1500们倍液等。

88　李枯叶蛾（图2-88-1至图2-88-5）

属鳞翅目枯叶蛾科。又名枯叶蛾、苹叶大枯叶蛾、贴皮虫。

分布与寄主

分布　全国各产区。

寄主　核桃、桃、樱桃、李、梨、苹果等果树。

危害特点　幼虫食害嫩芽和叶片，食叶成孔洞或缺刻，重者吃光叶片仅留叶柄。

形态诊断　成虫：体长30~45毫米，翅展60~90毫米，雄较雌略小，全体赤褐至茶褐色，头中央有一条黑色纵纹；触角双栉齿状；前翅外缘和后缘略呈锯齿状，前缘色较深，翅上有3条波状黑褐色带蓝色荧光的横线，近中室端有一黑褐色斑点，缘毛蓝褐色；后翅短宽，外缘呈锯齿状，前缘橙黄色，翅上有2条蓝褐色波状横线，缘毛蓝褐色。卵：近圆形，直径1.5毫米，绿至绿褐色，带白色轮纹。幼虫：体长90~105毫米，暗褐至灰色，头黑色；各体节背面有2个红褐色斑纹；中后胸背面各有一明显的黑蓝色横毛丛；第八腹节背面有一角状小突起，上生刚毛；各体节生有毛瘤，上丛生黄和黑色长、短毛。蛹：长30~45毫米，黄褐至黑褐色。茧：长椭圆形，长50~60毫米，丝质、暗褐至暗灰色，茧上附有幼虫体毛。

发生规律　东北、华北1年发生1代，河南2代，均以低龄幼虫在干枝皮缝中越冬。翌春寄主发芽后出蛰食害嫩芽和叶片，白天静伏，夜晚取食，常将叶片吃光仅残留叶柄；老熟后多于枝条下侧结茧化蛹。1代区成虫6月下旬至7月发生。2代区成虫5月下旬至6月、8月中旬至9月发生。成虫昼伏夜出，有趋光性。卵常数粒或散产于枝条上。幼虫孵化后分散危害，1代区幼虫达2~3龄、体长20~30毫米时，便于枝干皮缝中越冬；2代区一代幼虫历期30~40天，结茧化蛹、羽化繁殖，第二代幼虫达2~3龄时进入越冬状态。幼虫体扁，体色与树皮相似故不易发现。

防治方法

农业防治　冬春季结合树体管理捕杀幼虫。

物理防治　利用黑光灯或高压汞灯诱杀成虫。

化学防治　卵孵化前后至幼虫3龄前为防治的关键期，叶面喷洒52.25%蜱·氯乳油2000倍液、25%喹硫磷乳油或50%杀螟硫磷乳油、50%马拉硫磷乳油1500倍液、50%辛·溴乳油或20%菊·马乳油2000倍液、2.5%三氟氯氰菊酯乳油或2.5%溴氰菊酯乳油3000倍液、10%联苯菊酯乳油4000倍液等。

89　双线盗毒蛾（图2-89-1，图2-89-2）

属鳞翅目毒蛾科。

分布与寄主

分　布　全国多数桃产区。

寄　主　枇杷、枣、柿、桃、梨、柑橘等果树。

危害特点　以幼虫咬食新梢嫩芽和叶，致芽、叶缺刻并枯死；啃食花器和谢花后的小果，致落花落果。

形态诊断　成虫：体长12~14毫米，翅展20~38毫米，体暗黄褐色；前翅褐色至赤褐色，内、外线黄色，前缘、外缘和缘毛柠檬黄色，外缘和缘毛被黄褐色部分分隔成三段；后翅淡黄色。卵：扁圆球形。幼虫：老熟幼虫体长21~28毫米，头部浅褐至深色，胸、腹部暗棕色，前中胸和第三至七腹节以及第九腹节背线黄色，中央贯穿红色细线；后胸红色，前胸侧瘤红色，第一、二和第八腹节背面有黑色绒球状短毛簇，其余毛瘤为污黑色或浅褐色。蛹：圆锥形，长约13毫米，褐色，外被疏松的棕色丝茧。

发生规律　福建1年发生7代，以幼虫在寄主叶片间越冬。广州等冬季气温较暖地区，1年发生10多代，无越冬现象。沿黄地区，4月上旬幼虫出蛰活动危害，5月上旬越冬代成虫出见。成虫昼伏夜出，有趋光性。卵块产在叶背或花穗枝梗上，上覆黄褐色或棕色毛。初孵幼虫有群集性，在叶背取食叶肉，残留上表皮。稍大后分散危害，将叶片食成缺刻或孔洞，或咬食花器，或咬食刚谢花的幼果。老熟幼虫入表土层结茧化蛹。幼虫天敌有姬蜂、小茧蜂和食虫鸟类等。

防治方法

农业防治　果树生长季节及冬春季及时中耕园地和清除园内外杂草，杀死土中虫蛹。结合疏梢、疏花、疏果，捕杀幼虫。

化学防治　卵孵化盛期和低龄幼虫期叶面喷洒5%氟虫脲乳油800~1000倍液或10%氯氰菊酯乳油2500~3000倍液、2.5%三氟氯氰菊酯乳油2000~2500倍液、40%辛硫磷乳油1000倍液、10%吡虫啉可湿性粉剂2000倍液等。

90 云斑鳃金龟（图2-90-1至图2-90-3）

属鞘翅目金龟科。又名大云鳃金龟、石纹金龟子、大理石须金龟、大理石须云斑鳃金龟等。

分布与寄主

分布　除西藏、新疆未见报道外，各地产区均有分布。

寄主　核桃、苹果、梨、杏、桃、樱桃等果树、苗木及旱地农作物。

危害特点　成虫食害芽和叶片，幼虫危害果树苗木的根，食性很杂。

形态诊断　成虫：长椭圆形，背面隆拱，体长28～41毫米，宽14～21毫米，体紫黑色或栗黑至褐色等，上覆各式白色或乳白色鳞片组成的云斑状白斑，斑间多零星鳞片并散布小刻点，白色鳞片群集点缀如云斑，触角鳃片状，故名云斑鳃金龟。卵：椭圆形，3.5～4毫米×2.5～3毫米，乳白色。幼虫：俗称"蛴螬"，体长60～70毫米，头宽9.8～10.5毫米，体乳白色，头部黄褐色，臀节腹面刺毛列由10～12根短锥状刺毛组成，排列整齐。蛹：体长49～53毫米，初乳白渐变棕褐色或黑褐色。

发生规律　3～4年1代，以幼虫在20～50厘米深土层中越冬。翌年5月上升到10～20厘米浅土层中危害，老熟幼虫于5月下旬在土中筑蛹室化蛹。蛹期15天，6月中旬成虫始羽化出土上树，7月羽化盛期。成虫昼伏夜出。雄成虫趋光性强，能发出"吱吱"鸣声，其作用是引诱雌虫进行交配。成虫产卵历期20～25天，卵散产在未腐熟的农家肥中或10～30厘米土层中，卵期约20天，幼虫期1360天。幼虫喜欢生活在砂土和砂壤土及未腐熟的农家肥中，危害植物地下幼根。果树幼苗根部受害重。

防治方法

农业防治　重点是抓好幼虫的防治，春秋季园内外土地深耕，并随犁拾虫消灭；避免施用未腐熟的农家肥，减少虫产卵；在发生严重果园，合理控制灌溉，促使幼虫向土层深处转移，避开果树苗木最易受害时期。

物理防治　利用黑光灯诱杀雄成虫。

化学防治　①土壤处理。用50%辛硫磷乳油每亩200～250克，加水10倍喷于25～30千克细土上拌匀成毒土，或用10%辛硫磷颗粒剂1.5～2.5千克加细土拌匀，撒于地面，随即耕翻。②农家肥处理。按5立方米农家肥均匀拌入5%辛硫磷颗粒剂2.5～3千克的比例处理农家肥，可大量杀死其中的幼虫。③树上施药。成虫发生期叶面喷洒52.25%蜱·氯乳油或50%杀螟硫磷乳油、45%马拉硫磷乳油1500倍液、48%毒死蜱乳油或20%甲氰菊酯乳油1500～2000倍液等。

第 **3** 章

果园主要杂草识别与防治

01 紫茎泽兰（图3-1-1至图3-1-5）

菊科泽兰属，多年生草本或半灌木状植物，因其茎和叶柄呈紫色，故名紫茎泽兰。又名腺泽兰、解放草、马鹿草、破坏草、黑头草、大泽兰。国内主要分布于云南、贵州、四川、广西、西藏等地。是一种重要的检疫性有害生物，是中国遭受外来物种入侵的典型例子。原产于墨西哥，大约20世纪40年代作为一种观赏植物引入我国，因其繁殖力强，已成为灾害性的入侵物种。在2003年国家有关部门公布的《中国第一批外来入侵物种名单》中名列第一位。

形态识别　种子和根茎繁殖。根茎粗壮发达。茎直立，株高30~200厘米，分枝对生、斜上生长，茎紫色、被白色或锈色短柔毛。叶对生，叶片质薄，卵形、三角形或菱状卵形，正面绿色，背面色浅，边缘有稀疏粗大而不规则的锯齿，在花序下方则为波状浅锯齿或近全缘，叶柄长4~5厘米。头状花序小，直径可达6毫米，在枝端排列成伞房或复伞房花序，含40~50朵白色小花。子实瘦果，黑褐色，每株可年产瘦果1万粒左右，借冠毛随风传播。花期11月至翌年4月，结果期3~4月。

紫茎泽兰繁殖系数极高，种子传播途径多，易成为群落中的优势种而发展为单一优势群落，而侵占影响其他植物生长；且根状茎发达，可依靠强大的根状茎快速扩展蔓延。适应能力极强，干旱、瘠薄的荒坡隙地，甚至石缝和楼顶上都能生长。

防治方法　在秋冬季节，人工挖除紫茎泽兰全株，集中晒干烧毁；不能及时连根挖除的在开花前割除紫茎泽兰的地上部分，减少开花和种子形成。可用毒草胺、草甘膦、嘧磺隆、扑草净、毒莠定、2,4-D、敌草快、百草枯、麦草畏等除草剂进行防除。

02 饭包草（图3-2-1至图3-2-3）

鸭跖草科鸭跖草属，一年或越年生披散草本。又名火柴头、竹叶菜、卵叶鸭跖草、圆叶鸭跖草。全国除东北、西北冬季寒冷地区外，其他地区都有分布。

形态识别　种子和分株繁殖。茎大部分匍匐，节上生根，上部及分枝上部斜向上生长，长可达70厘米，被疏柔毛。叶有明显的叶柄；叶片卵形，长3~7厘米，宽1.5~3.5厘米，顶端钝或急尖，近无毛；叶鞘口沿有疏而长的睫毛。总苞片漏斗状，与叶对生，常数个集于枝顶，下部边缘合生，长8~12毫米，被疏毛；花序下面一枝具细长梗，具1~3朵不孕的花，伸出佛焰苞，上面一枝有花数朵，结实，不伸出佛焰苞；花瓣蓝色，圆形，长3~5毫米；内面2枚具长爪。蒴果椭圆状，长4~6毫米，3室，腹面2室每室具两颗种子，开裂，后面一室仅有1

颗种子或无种子，不裂。种子长近2毫米，多皱并有不规则网纹，黑色。花期夏秋季。

防治方法　园地深耕，捡拾地下根茎带出园外处理；结合全株可以入药，叶片可以食用的特性，有目的地挖除利用。采用扑草净、灭草松、敌草胺、萘氧丙草胺、唑草酮、双氟磺草胺等除草剂进行防治。

03　酢浆草（图3-3-1至图3-3-5）

酢浆草科酢浆草属，多年生草本植物。又名酸浆草、酸酸草、斑鸠酸、三叶酸、酸咪咪、钩钩草。全国各地都有分布。

形态识别　种子和分株繁殖。根茎稍肥厚。茎细弱，高10～35厘米，多分枝，直立或匍匐，匍匐茎节上生根，全株被柔毛。叶互生，掌状复叶有3小叶，倒心形，小叶无柄。叶基生或茎上互生；托叶小，长圆形或卵形，边缘被密长柔毛，基部与叶柄合生，或同一植株下部托叶明显而上部托叶不明显；叶柄长1～13厘米，基部具关节；小叶3枚，无柄，倒心形，长4～16毫米，宽4～22毫米，先端凹入，基部宽楔形，两面被柔毛或表面无毛，沿脉被毛较密，边缘具贴伏缘毛。

花单生或数朵集为伞形花序状，腋生，总花梗淡红色，与叶近等长；花梗长4～15毫米，果后延伸；小苞片2片，披针形，长2.5～4毫米，膜质；萼片5裂，披针形或长圆状披针形，长3～5毫米，背面和边缘被柔毛，宿存；花瓣5个，黄色，长圆状倒卵形，长6～8毫米，宽4～5毫米；雄蕊10枚，花丝白色半透明，有时被疏短柔毛，基部合生，长短互间，长者花药较大且早熟；子房长圆形，5室，被短伏毛，花柱5，柱头头状。蒴果长圆柱形，长1～2.5厘米，5棱。种子长卵形，长1～1.5毫米，褐色或红棕色，具横向肋状网纹。花、果期2～9月。

春、夏、秋不间断开花，以春秋凉爽时间花开最盛。由于酢浆草低矮，生长快，开花时间长，花开时节较为壮观，可以引种驯化，在园林绿化中应用。

防治方法　幼苗期及时中耕，铲除；种子成熟前拔除，减少种子存留；有效除草剂有敌草胺、噁草酮、灭草松、萘氧丙草胺、异丙甲草胺、乙氧氟草醚、百草枯等。

04　花叶滇苦菜（图3-4-1至图3-4-4）

菊科，苦苣菜属，一年或越年生草本植物。又名刺菜，恶鸡婆。分布几遍全国。

形态识别　种子和分株繁殖。种子随风、雨、田间灌溉传播。根纺锤状。茎直立中空，高50～100厘米，下部无毛，中上部及顶端有稀疏腺毛。茎生叶片狭长椭圆形、不分裂、缺刻状半裂或羽状分裂，裂片边缘密生长刺状尖齿，刺较长而硬，基部有扩大的圆耳。头状花序直径约2厘米，花序梗常有腺毛或初期有蛛丝状毛；总苞钟形或圆筒形，长1.2～1.5厘米；舌状花黄色，长约1.3厘米，舌片长约0.5厘米。瘦果较扁平，短宽而光滑，两面除有明显的3纵肋外，无横纹，有较宽的边缘。春、夏生长快，花果期5～10月。

防治方法　幼苗时铲除食用；成株时挖根清除，减少种子存留；还可用吡氟乙草灵、灭草松、噁草酮、扑草净、甲草胺、绿麦隆、氟磺胺草醚、西玛津等除草剂进行防除。

05　蟾蜍草（图3-5-1至图3-5-3）

紫草科，一年生或越年生直立草本植物。又名癞蛤蟆草、蛤蟆皮、地胆头、白贯草、猪耳草、饭匙草、七星草、五根草、黄蟆龟草等。全国除东北、西北冬季寒冷地区外，其他地区都有分布。

形态识别　种子和分株繁殖。茎方形、多分枝，高10～30厘米，疏生短柔毛。基生叶丛生，贴伏地面，叶片长椭圆形至披针形，叶面有明显的深皱折；茎生叶对生，叶柄长0.5～1.5厘米，密被短柔毛，叶片长椭圆形或披针形，长2～6.5厘米，宽1～3厘米，先端钝圆，基部圆形或楔形，边缘圆锯齿状，上面有皱折，下面有金黄色腺点，两面均被短毛。轮伞花序具2～6花，聚集成顶生及腋生的假总状或圆锥花序；苞片细小，披针形；花萼钟状，长约3毫米，背面有金黄色腺点和短毛；花冠唇形，淡紫色至蓝紫色。小坚果肾形，长2～2.5毫米，灰色，有网纹。

可以作中草药利用。夏、秋季花开、穗绿时采收洗净晒干或鲜用。平时可随时挖掘洗净晒干或鲜用。还可移栽到家里房前屋后以备不时之需。还可收籽再种。播种期在秋天。

防治方法　幼苗时通过中耕清除，成株后适时采收卖作中药；还可用嗪草酮、毒草胺、苯磺隆、苄嘧磺隆、氟唑草酮、噻磺隆等除草剂进行防除。

06　金鸡菊（图3-6-1至图3-6-4）

菊科金鸡菊属，多年生宿根草本植物。又名小波斯菊、金钱菊、孔雀菊。外来物种，原产美国南部，全国多地有分布，曾经在河南等部分地区小规模爆发。具有观赏、药用价值。当漫延至田间时，又成为灾害性杂草。

形态识别　种子、扦插和分株繁殖。茎直立，高30～100厘米，上有分枝。叶片多对生，稀互生、全缘、浅裂或切裂。花单生或疏圆锥花序，总苞两列，每列3枚，基部合生。舌状花1列，宽舌状，呈黄、棕或粉色。管状花黄色至褐色。

耐寒耐旱，对土壤要求不严，喜光，但耐半阴，适应性强，对二氧化硫有较强的抗性。栽培容易，常能自行繁衍成为杂草。生产中多采用播种或分株繁殖，夏季也可进行扦插繁殖。播种繁殖一般在8月进行，也可春季4月底露地直播，7~8月开花，花陆续开到10月中旬。二年生的金鸡菊，早春5月底6月初就开花，一直开到10月中旬。

防治方法 幼苗时通过中耕清除，成株后适时采收卖作中药；影响到果树正常生长时要割除并挖根；还可用敌草胺、灭草松、噁草酮、扑草净、绿麦隆、氟磺胺草醚、西玛津等除草剂进行防除。

07 牛繁缕（图3-7-1至图3-7-4）

石竹科鹅肠菜属，一年生或二年生草本植物，全国南北各地均有分布。阴湿以及低洼田地发生严重。

形态识别 种子和根茎繁殖。全株光滑，仅花序上有白色短软毛。茎多分枝，长20~60厘米，柔弱，常伏生地面，表面略带紫红色，节部和嫩枝梢处更明显。叶对生，膜质；叶卵状椭圆形或宽卵形，长2~5.5厘米，宽1~3厘米，顶端渐尖，基部心形或圆形，全缘或浅波状，上部叶无柄或具极短柄，基部略包茎，下部叶叶柄长5~18毫米。花梗细长，花后下垂，苞片5枚，宿存，果期增大，外面有短柔毛；花瓣5枚，白色，2深裂几达基部，生于枝端或叶腋。蒴果卵形，5瓣裂，每瓣端再2裂；种子近圆形，褐色，密布显著的刺状突起。花期4~5月，果期5~6月。

防治方法 精细整地，加强田间管理，及时中耕除草。冬前可使用异丙隆做土壤处理，减少发生。有效除草剂有敌草胺、草除灵、苯磺隆、氯氟吡氧乙酸、2甲4氯、灭草松、唑草酮、乙羧氟草醚、溴苯腈、双氟·唑嘧胺（麦喜）、啶磺草胺（优先）、草甘膦、阔叶净、百草敌等。

08 打碗花（图3-8-1至图3-8-5）

旋花科碗花属，多年生草本植物。又名打碗碗花、小旋花、面根藤、狗儿蔓、富苗秧、斧子苗、钩耳藤、喇叭花、燕覆子、蒲地参、兔耳草、扶秧等。全国各地都有分布。由于地下茎蔓延迅速，常成单优势群落，对农田危害较严重，在有些地区成为恶性杂草。主要危害春小麦、棉花、豆类、红薯、玉米、蔬菜以及果树，尤其对小麦危害更重，不仅直接影响小麦生长，而且能导致小麦倒伏，有碍机械收割，是小地老虎的寄主。但可用于园林美化，可作为绿篱及绿色草坪及地被。

形态识别 以根芽和种子繁殖。田间以无性繁殖为主，地下茎质脆易断，每个带节的断体都能长出新的植株。华北地区4~5月出苗，花期7~9月，果期8~10月。长江流域3~4月出苗，花果期5~7月。植株通常矮小，常自基部分枝，具细长白色的根。茎细，平卧，有细棱。基部叶片长圆形，顶端圆，基部戟形，上部叶片3裂，中裂片长圆形或长圆状披针形，侧裂片近三角形，叶片基部心形或戟形。花腋生，花梗长于叶柄，苞片宽卵形；萼片长圆形，顶端钝，具小短尖头，内萼片稍短；花冠淡紫色或淡红色，钟状，冠檐近截形或微裂；雄蕊近等长，花丝基部扩大，贴生花冠管基部，被小鳞毛；子房无毛，柱头2裂，裂片长圆形，扁平。蒴果卵球形，宿存萼片与之近等长或稍短。种子黑褐色，表面有小疣。

防治方法 及时中耕除草，防止蔓延生长；可用绿麦隆、利谷隆、2甲4氯、百草敌、排草丹、苯磺隆、赛克、异恶草松、普施特、虎威、杂草焚、田荞、敌草胺等除草剂进行防除。

09 离子草（图3-9-1）

十字花科离子草属的一个种，一年生草本。又名红花荠菜、水萝卜棵、离子芥、离子草。生于沟边、草地、农田果园。分布于中国华北、西北、华中各地。

形态识别 种子繁殖。全株疏生头状短腺毛。茎斜上或铺散，高15~40厘米，从基部分枝。基生叶有短柄，叶片长圆形，长3~4厘米，宽4~6毫米；茎下部叶有深波状齿痕；茎上部叶有齿痕或近全缘，疏生头状短腺毛。总状花序稀疏而短，果期伸长；花紫色，萼片淡蓝紫色，具白色边缘，长圆形，内侧萼片基部稍呈囊状，长4~5毫米；花瓣狭倒卵状长圆形或长圆状匙形，长9~11毫米，基部有长爪，瓣片狭倒卵形，长约4毫米；雄蕊分离，在短雄蕊的内侧基部两侧各有1长圆形蜜腺；子房无柄。长角果细圆柱形，长1.5~3厘米，直或稍弯；有横节，不开裂，但逐节脱落，先端有长喙，喙长10~20毫米。种子扁平，有边，随节段脱落，每节段有2粒种子。

防治方法 加强田间管理，人工及时除草；可用氟乐灵、苯磺隆、二甲戊灵、苄嘧磺隆、敌草胺、氟唑草酮、噻磺隆等除草剂进行防除。

10 粘毛卷耳（图3-10-1至图3-10-3）

石竹科卷耳属，一年生或越年生草本植物。又称瓜子草、高脚鼠耳草、婆婆指甲菜。分布于江苏、浙江、安徽、江西、湖南、河南等地。

形态识别 种子繁殖。簇生，直立或葡伏生长，茎高可达20~35厘米，遍体密生柔毛；茎下部紫红色，上部绿色。叶对生，叶片长1~2厘米，宽0.5~1.2厘米，基部的叶匙形，上部的叶卵形至椭圆形，全缘，先端钝或微凸，基部圆钝；

主脉明显，凸出于叶背。小花集成二叉式的聚伞花序；萼片5，绿色，具腺毛，边缘膜质，披针形；花瓣5，白色，倒卵形，先端2裂；雄蕊10，花药黄色；雌蕊1，子房圆卵形。蒴果，圆柱形，成熟时10齿裂。种子褐色，略呈三角形。花果期4～5月。

防治方法　加强果园管理及时铲除幼苗；成株时彻底拔除，减少种子存留；还可用二甲戊灵、苯磺隆、苄嘧磺隆、吡氟乙草灵、氟唑草酮、噻磺隆等除草剂进行防除。

11　阴石蕨（图3-11-1，图3-11-2）

骨碎补科阴石蕨属，多年生草本植物。中药名草石蚕、石奇蛇、白毛蛇、白毛岩蚕、岩蚕等。可药用。分布于黄淮及长江流和西南地区。全草可入药。

形态识别　植株高10～20厘米。根状茎长而横走，粗2～3毫米，密被白棕色狭鳞片；鳞片披针形，长约5毫米，宽1毫米，红棕色，伏生，盾状着生。叶远生；柄长5～12厘米，棕色或棕禾秆色，疏被鳞片，老则近光滑；叶片三角状卵形，长5～10厘米，基部宽3～5厘米，上部伸长，向先端渐尖，二回羽状深裂；羽片6～10对，无柄，以狭翅相连，基部一对最大，长2～4厘米，宽1～2厘米，近三角形或三角状披针形，钝头，基部楔形，两侧不对称，下延，常略向上弯弓，上部常为钝齿牙状，下部深裂，裂片3～5对，基部下侧一片最长，1～1.5厘米，椭圆形，圆钝头，略斜向下，全缘或浅裂；从第二对羽片向上渐缩短，椭圆披针形，斜展或斜向上，边缘浅裂或具不明显的疏缺裂。叶脉上面不见，下面粗而明显，褐棕色或深棕色，羽状。叶革质，干后褐色，两面均光滑或下面沿叶轴偶有少数棕色鳞片。孢子囊群沿叶缘着生，通常仅于羽片上部有3～5对；囊群盖半圆形，棕色，全缘，质厚，基部着生。孢子期5～11月。

生长于树上、溪边岩石上及阴凉潮湿处。

防治方法　加强果园管理，合理修剪，避免果园郁闭，创造不利于阴石蕨生长的环境；结合野生植物的利用在种子成熟前拔除全株。有效除草剂有吡氟乙草灵、噁草酮、喹禾灵、灭草松、萘氧丙草胺、异丙甲草胺、乙氧氟草醚、双苯酰草胺、氟乐灵等。

12　大野豌豆（图3-12-1至图3-12-4）

豆科野豌豆属，多年生草本植物。又名大巢菜、薇、薇菜、山扁豆、山木樨。分布于华北、陕西、甘肃、河南、湖北、四川、云南等地。本种花期有毒。

形态识别　种子繁殖和分株繁殖。根茎粗壮，表皮深褐色，近木质化。茎葡匐状，有棱，多分支，被白柔毛，长可达40～100厘米。叶，偶数羽状复叶，顶端卷须有2~3分支或单一，托叶2深裂，裂片披针形，长约0.6厘米；小叶3~6对，近互生，椭圆形或卵圆形，长1.5~3厘米，宽0.7~1.7厘米，先端钝，具短尖头，基部圆形，两面被疏柔毛，叶脉7~8对，下面中脉凸出，被灰白色柔毛。总状花序，具花6~16朵，稀疏着生于花序轴上部；花冠白色，粉红色，紫色或雪青色；较小，长约0.6厘米，小花梗长0.15~0.2厘米；花萼钟状，长0.2~0.25厘米，萼齿狭披针形或锥形，外面被柔毛；旗瓣倒卵形，长约7毫米，先端微凹，翼瓣与旗瓣近等长，龙骨瓣最短；子房无毛，具长柄，胚珠2~3数，柱头上部四周被毛。荚果长圆形或菱形，长1~2厘米，宽4~5毫米，两面急尖，表皮棕色。种子2~3个，肾形，表皮红褐色，长约0.4厘米。花期4~6月，果期6~8月。

防治方法　适时中耕除草，并在种子成熟前彻底清除田旁隙地的大野豌豆。有效除草剂有甲草胺、异丙甲草胺、乙草胺、敌稗、萘氧丙草胺、西玛津、扑草净、噁草酮、乙氧氟草醚、百草枯、草甘膦等。

13　独行菜（图3-13-1至图3-13-3）

十字花科独行菜属，一年生或越年生草本植物。又名辣辣菜、腺茎独行菜、苦葶苈、北葶苈子、昌古等。分布于东北、华北、西北、西南及江苏、浙江、安徽等地。嫩叶作野菜食用；全草及种子供药用，亦可榨油。

形态识别　种子繁殖。茎直立或斜升，高5~30厘米，多分枝，被微小头状毛。基生叶莲座状，平铺地面，羽状浅裂或深裂，叶片狭匙形，长3~5厘米，宽1~1.5厘米；叶柄长1~2厘米；

茎生叶狭披针形至条形，有疏齿或全缘。总状花序顶生，在果期可延长至5厘米；花小、卵形，长约0.8毫米，外面有柔毛；花瓣不存或退化成丝状，比萼片短；雄蕊2或4。短角果近圆形或宽椭圆形，扁平，长2~3毫米，宽约2毫米，顶端微缺，上部有短翅，隔膜宽不到1毫米；果梗弧形，长约3毫米。种子椭圆形，长约1毫米，平滑，棕红色。花果期5~7月。

防治要点　及时中耕铲除；抽茎前幼嫩可食，因冬春季果园很少施用农药，是很好的绿色食品蔬菜，可以挖除食用；还可用伏草隆、苯磺隆、苄嘧磺隆、敌草胺、氟唑草酮、噻磺隆等除草剂进行防除。

14　萹蓄（图3-14-1至图3-14-3）

蓼科蓼属，一年生或越年生草本植物。又名竹片菜。分布于全国各地。

形态识别　种子繁殖。茎绿色、丛生，匍匐或斜上，高15~50厘米，基部分枝甚多，具明显的节及纵沟纹，常被有白粉，幼枝上微有棱角。叶互生；叶柄短，2~3毫米，亦有近于无柄者；叶片披针形至椭圆形，长6~10厘米，宽1~4厘米，先端钝或尖，基部楔形，全缘，绿色，近无柄，两面无毛；托鞘膜质，抱茎，下部绿色，上部透明无色，具明显脉纹，其上之多数平行脉常伸出成丝状裂片。花6~10朵簇生于叶腋，露出托叶鞘外，花梗短；苞片及小苞片均为白色透明膜质；花被绿色，5深裂，具白色边缘，结果后，边缘变为粉红色；雄蕊通常8枚，花丝短；子房长方形，花柱短，柱头3枚。瘦果包围于宿存花被内，仅顶端小部分外露，卵形，具3棱，长2~3毫米，黑褐色，具细纹及小点。花期6~8月。果期7~10月。

防治方法 通过人工除草或机械耕作消灭杂草；有效除草剂有敌草胺、甲草胺、异丙甲草胺、乙草胺、萘氧丙草胺、西玛津、扑草净、噁草酮、乙氧氟草醚、百草枯、草甘膦等。

15 雀麦（图3-15-1至图3-15-5）

禾本科雀麦属，一年生或越年生草本植物。分布于辽宁、内蒙古、河北、山西、山东、河南、陕西、甘肃、安徽、江苏、江西、湖南、湖北、新疆、西藏、四川、云南、台湾等地。

形态识别 种子繁殖。秆直立，高40~90厘米。叶鞘闭合，叶舌先端近圆形，长1~2.5毫米；叶片长12~30厘米，宽4~8毫米；全株被柔毛。圆锥花序疏展，长20~30厘米，宽5~10厘米，具2~8分枝，向下弯垂；分枝细，长5~10厘米，上部着生1~4枚小穗；小穗黄绿色，密生7~11个小花，长12~20毫米，宽约5毫米；颖近等长，脊粗糙，边缘膜质，第一颖长5~7毫米，具3~5脉，第二颖长5~7.5毫米，具7~9脉；外稃椭圆形，草质，边缘膜质，长8~10毫米，一侧宽约2毫米，具9脉，微粗糙，顶端钝三角形，芒自先端下部伸出，长5~10毫米，基部稍扁平，成熟后外弯；内稃长7~8毫米，宽约1毫米，两脊疏生细纤毛；小穗轴短棒状，长约2毫米；花药长1毫米。颖果长7~8毫米。花果期5~7月。

雀麦是危害我国果园春季最为重要的恶性杂草，具有密度大、群体高、繁殖力强、难以根除的特点，近几年在我国各地传播蔓延迅速，与果树争肥水，且是蚜虫等害虫的中间寄主。但也可以作为优质牧草人工栽培。

防治方法 合理轮作；田间及时中耕除草；有效除草剂有吡氟禾草灵、甲草胺、异丙甲草胺、乙草胺、敌稗、萘氧丙草胺、氟乐灵、灭草松、西玛津、噁草酮、茅草枯、草甘膦、敌草隆等。

16 铁杆蒿（图3-16-1至图3-16-5）

菊科蒿属，多年生半灌木植物。又名白莲蒿、万年蒿。主要分布于河南、陕西、山西、山东、新疆、西藏、内蒙古、甘肃、辽宁、吉林、山东、江苏、浙江等地。

形态识别　种子和分株繁殖。茎直立，高30~100厘米，基部木质化，多分枝，暗紫红色，无毛或上部被短柔毛。茎下部叶在开花期枯萎；中部叶具柄，基部具假托叶，叶长卵形或长椭圆状卵形，长3~14厘米，宽3~8厘米，二至三回栉齿状羽状分裂，小裂片披针形或条状披针形，全缘或有锯齿，叶幼时两面被丝状短柔毛，后被疏毛或无毛；上部叶小，一至二回栉齿状羽状分裂。头状花序多数，近球形或半球形，直径2~3.5毫米，下垂，排列成复总状花序，总苞片3~4层，背面绿色，边缘宽膜质；花两性，多数，管状；花托凸起，裸露。瘦果卵状椭圆形，长约1.5毫米。

北方冬季寒冷地区，春暖后萌发，7月初开花，8月初结实；9月以后开始枯黄；南方冬季温暖地区，早春基部即萌发新芽。抗旱力、耐寒性较强；结实数量很大，种子繁殖力很强，根蘖也很发达，从母株不断长出新枝条。在局部地区为植物群落优势种的主要伴生种。

防治方法　铁杆蒿有一定的药用价值可以利用；可作牧草利用；影响到果树正常生长时要割除并挖根；还可用敌草胺、灭草松、噁草酮、恶草灵、扑草净、绿麦隆、氟磺胺草醚、西玛津等除草剂进行防除。

17　毒麦（图3-17-1至图3-17-5）

禾本科黑麦属，一年生或越年草本植物。又名黑麦子、小尾巴麦子、闹心麦。全国除西藏和台湾外，其他各地均有发现。已被列入中国首批外来入侵物种。其颖果毒麦经常和重要的农作物小麦混生在一起。毒麦的外形非常类似小麦，然而其子粒中含有能麻痹中枢神经、致人昏迷的毒麦碱，为恶性杂草。

形态识别　种子繁殖。多于10月前后发芽出土，以幼苗或种子越冬，夏季抽穗。茎高20~120厘米，秆疏丛生，具3~5节，无毛。叶鞘长于其节间，疏松；叶舌长1~2毫米；叶片扁平，质地较薄，长10~25厘米，宽4~10毫米，无毛，顶端渐尖，边缘微粗糙。穗形总状花序长10~15厘米，宽1~1.5厘米；穗轴增厚，质硬，节间长5~10毫米，无毛；小穗含4~10小花，长8~10毫米，宽3~8毫米；小穗轴节间长1~1.5毫米，平滑无毛；颖较宽大，与其小穗近等长，质地硬，长8~10毫米，宽约2毫米，有5~9脉，具狭膜质边缘；外稃长5~8毫米，椭圆形至卵形，成熟时肿胀，质地较薄，具5脉，顶端膜质透明，基盘微小，芒近外稃顶端伸出，长1~2厘米，粗糙；内稃约等长于外稃，脊上具微小纤毛。颖果长4~7毫米，为其宽的2~3倍，厚1.5~2毫米，呈紫色。花果期4~7月。

防治方法　人工拔除和田间机械耕作清除。于毒麦发芽前使用25%绿麦隆可湿性粉剂100克/亩，兑水50~60千克，喷洒地表；使用50%异丙隆可湿性粉剂

120克/亩，兑水50~60千克，喷洒地表；使用阿畏达可湿性粉剂100克/亩，兑水50~60千克，喷洒地表；使用禾草灵可湿性粉剂30克/亩，兑水60千克，3叶期喷雾。

在早春3、4月份，毒麦5叶以下时及时防治：使用金百秀可湿性粉剂12~16克/亩，兑水25~30千克，茎叶喷雾；使用大杀禾水剂20~30毫升/亩，兑水25~30千克，茎叶喷雾。

18　地锦（图3-18-1至图3-18-4）

大戟科大戟属，一年生匍匐草本植物。又名草血竭、血见愁草、铁线草、普瓣草、血风草、马蚁草、铺地锦、铁线马齿苋等。为各地常见杂草，生于平原荒地、路边、田间，分布几遍全国。夏、秋二季采收，除去杂质、晒干，可以入药。

形态识别　种子繁殖。茎纤细，近基部分枝，带紫红色，无毛。叶对生；叶柄极短；托叶线形，通常3裂；叶片长圆形，长4~10毫米，宽4~6毫米，先端钝圆，基部偏狭，边缘有细齿，两面无毛或疏生柔毛，绿色或淡红色。杯状花序单生于叶腋；总苞倒圆锥形，浅红色，顶端4裂，裂片长三角形；腺体4枚，长圆形，有白色花瓣状附属物；子房3室；花柱3枚，2裂。蒴果三棱状球形，光滑无毛；种子卵形，黑褐色，外被白色蜡粉，长约1.2毫米，宽约0.7毫米。花期6~10月，果实7月渐次成熟。

防治方法　及时中耕，铲除；利用可以入药的特性，结合除草采收利用；有效除草剂有噁草酮、双苯酰草胺、灭草松、萘氧丙草胺、异丙甲草胺、乙氧氟草醚、氟乐灵等。

19　窄叶野豌豆（图3-19-1至图3-19-7）

豆科野豌豆属，一年生或越年生草本植物。分布于中国的东北、华北、西北、华中及西南等地。

形态识别　种子繁殖。茎斜升、蔓生或攀缘，多分支，高20~80厘米，被疏柔毛。偶数羽状复叶，长2~6厘米，叶轴顶端卷须发达；托叶半箭头形或披针形，长约0.15厘米，有2~5齿，被微柔毛；小叶4~6对，线形或线状长圆形，长1~2.5厘米，宽0.2~0.5厘米，先端平截或微凹，具短尖头，基部近楔形，叶脉不甚明显，两面被浅黄色疏柔毛。花1~2（3~4）腋生，有小苞叶；花萼钟形，萼齿5枚，三角形，外面被黄色疏柔毛；花冠红色或紫红色，旗瓣倒卵形，先端圆、微凹，有瓣柄，翼瓣与旗瓣近等长，龙骨瓣短于翼瓣；子房纺锤形，被毛，胚珠5~8个，子房柄短，花柱顶端具一束髯毛。荚果长线形，微弯，长2.5~5厘米，宽约0.5厘米，种皮黑褐色，革质，肿脐线形，长相当于种子圆周1/6。花期3~6月，果期5~9月。

　　窄叶野豌豆在亚热带地区，于春季2月底至3月初出苗；秋季于9月底至10月底陆续出苗。秋季出的苗能越冬，并于翌年2月底至3月初返青生长，3月底至4月初现蕾，花期较长，5月下旬荚果成熟期。早春的实生苗当年能开花结实，生育期约为240天。在北方为一年生，春季3月底至4月初出苗，4月中下旬开花结实，5月底至6月初荚果成熟，生育期150天左右，是早春的优良牧草。

　　防治方法　适时中耕除草，因其可以作牧草，在不影响果树生长的前提下，可以刈割利用；在种子成熟前彻底清除田旁隙地的窄叶野豌豆，减少种子存留；有效除草剂有双苯酰草胺、甲草胺、异丙甲草胺、乙草胺、敌稗、萘氧丙草胺、西玛津、扑草净、噁草酮、乙氧氟草醚、百草枯、草甘膦等。

20　野老鹳草（图3-20-1至图3-20-7）

　　牻牛儿苗科老鹳草属，一年生草本植物。又名老鹳嘴、老鸦嘴、贯筋、老贯筋、老牛筋等。分布于山东、山西、河南、江苏、浙江、江西、安徽、福建、台湾、湖北、湖南、重庆、四川、广东、广西、云南等地。

　　形态识别　种子繁殖。根纤细。茎直立或仰卧，单一或分枝，高20~60厘米，茎具棱角，密被倒向短柔毛。基生叶早枯，茎生叶互生或最上部对生；托叶披针形或三角状披针形，长5~7毫米，宽1.5~2.5毫米，外被短柔毛；茎下部叶具长柄，柄长为叶片的2~3倍，被倒向短柔毛，上部叶柄渐短；叶片圆肾形，长2~3厘米，宽4~6厘米，基部心形，掌状5~7裂近基部，裂片楔状倒卵形或菱形，下部楔形、全缘，上部羽状深裂，小裂片条状矩圆形，先端急尖，表面被短伏毛，背面主要沿脉被短伏毛。花序腋生和顶生，长于叶，被倒生短柔毛和开展的长腺毛，每总花梗具2花，顶生总花梗常数个集生，花序呈伞形状；花梗与总花梗相似，等于或稍短于花；苞片钻状，长3~4毫米，被短柔毛；萼片长卵形或近椭圆形，长5~7毫米，宽3~4毫米，先端急尖，具长约1毫米尖头，外被短柔毛或沿脉被开展的糙柔毛和腺毛；花瓣淡紫红色，倒卵形，稍长于萼，先端圆形，基部宽楔形，雄蕊稍短于萼片，中部以下被长糙柔毛；雌蕊稍长于雄蕊，密被糙柔毛。蒴果长约2厘米，被短糙毛，果瓣由喙上部先裂向下卷曲。花期4~7月，果期5~9月。

　　防治方法　及时中耕除草；在种子成熟前彻底清除田旁隙地的野老鹳草，减少种子存留，减少翌年发生；可用喹禾灵、甲磺隆、丁草胺、嗪草酮、氟乐灵、乙氧氟草醚等除草剂进行防治。

21　辣蓼草（图3-21-1至图3-21-4）

　　蓼科蓼属，一年生草本植物。又名辣蓼、蓼子草、斑蕉草、梨同草、柳叶蓼、绵毛酸模叶蓼。分布于我国南北各地。

形态识别 种子和分株繁殖。茎直立圆柱形，高40~70厘米，多分枝，无毛，表面灰棕色或棕红色，有细棱线，节部膨大，质脆，易折断，断面浅黄色，中空。叶互生，有柄，深绿色，披针形或椭圆状披针形，长4~8厘米，宽0.5~2.5厘米，顶端渐尖，基部楔形，边缘全缘，具缘毛，两面无毛，上表面棕褐色，下表面褐绿色，两面有棕黑色斑点及细小腺点，有时沿中脉具短硬伏毛，具辛辣味；叶柄长4~8毫米；托叶鞘筒状，膜质，紫褐色，长1~1.5厘米，疏生短硬伏毛，顶端截形，具短缘毛，通常托叶鞘内藏有花簇。

总状花序呈穗状，顶生或腋生，长3~8厘米，通常下垂，花稀疏，下部间断；苞片漏斗状，长2~3毫米，绿色，边缘膜质，疏生短缘毛，每苞内具3~5花；花梗比苞片长；花被5深裂，稀4裂，绿色，上部白色或淡红色，被黄褐色透明腺点，花被片椭圆形，长3~3.5毫米；雄蕊5~8枚；雌蕊1枚，花柱2~3裂。瘦果卵形，扁平，少有3棱，长2.5毫米，表面有小点，黑色无光，包在宿存的花被内。花果期6~9月。

防治方法 合理轮作，全面深耕，施用腐熟的农家肥料，适时中耕除草，并在种子成熟前彻底清除，减少种子残留。有效除草剂有嗪草酮、甲草胺、异丙甲草胺、乙草胺、萘氧丙草胺、西玛津、扑草净、噁草酮、乙氧氟草醚、百草枯、草甘膦等。

22 一年蓬 (图3-22-1至图3-22-4)

菊科飞蓬属，一年生或越年生草本植物。又名女菀、野蒿、牙肿消、牙根消、千张草、墙头草、长毛草、地白菜、油麻草、白马兰、千层塔、治疟草、瞌睡草等。分布于吉林、河北、山东、江苏、安徽、浙江、江西、福建、河南、湖北、湖南、四川及西藏等地。

形态识别 种子繁殖。茎粗壮，高30~100厘米，基部直径可达1厘米以上，直立，上部有分枝，绿色，下部被开展的长硬毛，上部被较密的上弯的短硬毛。基部叶花期枯萎，长圆形或宽卵形，少有近圆形，长4~17厘米，宽1.5~4厘米，或更宽，顶端尖或钝，基部狭成具翅的长柄，边缘具粗齿，下部叶与基部叶同形，但叶柄较短，中部和上部叶较小，长圆状披针形或披针形，长1~9厘米，宽0.5~2厘米，顶端尖，具短柄或无柄，边缘有不规则的齿或深缺刻，最上部叶线形，全部叶边缘被短硬毛，两面被疏短硬毛，或有时近无毛。头状花序数个或多数，排列成疏圆锥花序，长6~8毫米，宽10~15毫米，总苞半球形，总苞片3层，草质，披针形，长3~5毫米，宽0.5~1毫米，近等长或外层稍短，淡绿色或多少褐色，背面密被腺毛和疏长节毛；外围的雌花舌状，2层，长6~8毫米，管部长1~1.5毫米，上部被疏微毛，舌片平展，白色或有时淡天蓝色，线形，宽

0.6毫米左右，顶端具2小齿，花柱分枝线形；中央的两性花管状，黄色，管部长约0.5毫米，檐部近倒锥形，裂片无毛；瘦果披针形，长约1.2毫米，扁平，被疏柔毛；冠毛异形，雌花的冠毛极短，膜片状连成小冠，两性花的冠毛2层，外层鳞片状，内层为10~15条长约2毫米的刚毛。花果期4~7月。

防治方法 田间及时深耕，幼苗时清除杂草；在种子成熟前拔除果园周边一年蓬全株，减少种子残留。有效除草剂有乙氧氟草醚、萘氧丙草胺、吡氟乙草灵、草甘膦、灭草松等。

23　小苜蓿（图3-23-1，图3-23-2）

豆科苜蓿属，一年生草本植物。分布于长江以北各地。

形态识别 种子繁殖。全株被伸展柔毛，偶杂有腺毛；主根粗壮。茎铺散，平卧并上升，基部多分枝。羽状三出复叶；托叶卵形，先端锐尖，基部圆形，全缘或不明浅齿；叶柄细柔，长5~20毫米；小叶倒卵形，几等大，长5~8（~12）毫米，宽3~7毫米，纸质，先端圆或凹缺，具细尖，基部楔形，边缘1/3以上具锯齿，两面均被毛。花序头状，具花3~6（~8）朵，疏松；总花梗细，挺直，腋生，通常比叶长，有时甚短，苞片细小，刺毛状；花长3~4毫米；花梗甚短或无梗；萼钟形，密被柔毛，萼齿披针形，不等长，与萼筒等长或稍长；花冠淡黄色，旗瓣阔卵形，显著比翼瓣和龙骨瓣长。

荚果球形，旋转3~5圈，直径2.5~4.5毫米，边缝具3条棱，被长棘刺，通常长等于半径，水平伸展，尖端钩状；种子每圈有1~2粒，种子长肾形，长1.5~2毫米，棕色，平滑。花期3~4月，果期4~5月。

防治方法 适时中耕除草，因其可以作牧草，及时刈割利用；并在种子成熟前彻底清除田旁隙地的小苜蓿。有效除草剂有甲草胺、异丙甲草胺、乙草胺、敌稗、萘氧丙草胺、西玛津、扑草净、噁草酮、乙氧氟草醚、百草枯、草甘膦等。

24　野苜蓿（图3-24-1至图3-24-4）

豆科苜蓿属，多年生草本植物。又名镰荚苜蓿、豆豆苗、连花生。分布于我国东北、华北、西北等地。

形态识别 种子繁殖。主根粗壮，木质，须根发达。茎平卧或上升，圆柱形，多分枝，高（20）40~100（~120）厘米。羽状三出复叶；托叶披针形至线状披针形，先端长渐尖，基部戟形，全缘或稍具锯齿，脉纹明显；叶柄细，比小叶短；小叶倒卵形至线状倒披针形，长（5）8~15（~20）毫米，宽（1）2~5（~10）毫米，先端近圆形，具刺尖，基部楔形，边缘上部1/4具锐锯齿，上面无毛，下面被贴伏毛，侧脉12~15对，与中脉成锐角平行达叶边，不分叉；顶生小叶稍大。花序短总状，长1~2（~4）厘米，具花6~20（~25）朵，稠密，花期几不伸长；总花梗腋生，挺直，与叶等长或稍长；苞片针刺状，长约1毫米；花长6~9（~11）毫米；花梗长2~3毫米，被毛；萼钟形，被贴伏毛，萼齿线状锥形，比萼筒长；花冠黄色，旗瓣长倒卵形，翼瓣和龙骨瓣等长，均比旗瓣短；子房线形，被柔毛，花柱短，略弯，胚珠2~5粒。荚果镰形，长（8）10~15毫米，宽2.5~3.5（~4）毫米，脉纹细，斜向，被贴伏毛；有种子2~4粒。种子卵状椭圆形，长2毫米，宽1.5毫米，黄褐色，胚根处凸起。花期5~7月，果期6~8月。

防治方法 适时中耕除草，为优质牧草，可以刈割利用；在种子成熟前彻底清除田旁隙地的野苜蓿，减少种子存留。有效除草剂有甲草胺、异丙甲草胺、乙草胺、敌稗、萘氧丙草胺、西玛津、扑草净、噁草酮、乙氧氟草醚、百草枯、草甘膦等。

25 钻叶紫菀（图3-25-1至图3-25-4）

菊科紫菀属，多年生草本植物。又名剪刀菜、白菊花、土柴胡、九龙箭、钻形紫菀等。分布于河南、安徽、江苏、浙江、江西、云南、贵州、湖北、四川、重庆、广西、广东、福建、台湾等地。

形态识别 种子繁殖和根茎繁殖。茎高25~120厘米，无毛而富肉质，茎基部略带红色，上部稍有分枝。叶互生，无柄；基生叶倒披针形，花后凋落；茎中部叶线状披针形，长6~10厘米，宽0.5~1厘米，先端尖或钝，有时具钻形尖头，全缘，无柄，无毛；上部叶渐狭线形。

头状花序顶生，排成圆锥花序；总苞钟状；总苞片3~4层，外层较短，内层较长，线状钻形，无毛，背面绿色，先端略带红色；舌状花细狭、小，淡红色，长与冠毛相等或稍长；管状花多数，短于冠毛。瘦果长圆形或椭圆形，具冠毛，长1.5~2.5毫米，有5纵棱，冠毛淡白色。花果期9~11月，产生大量瘦果。具冠毛的瘦果随风散布。

喜生长于潮湿含盐的土壤上，常见于农田、沟边、河岸、海岸、路边及低洼地带。还常侵入浅水湿地，影响湿地生态系统及其景观，是常见杂草。

防治方法 幼苗时及时中耕清除；成株时挖根清除；还可用吡氟禾草灵、灭草松、嗪草酮、噁草酮、伏草隆、扑草净、绿麦隆、氟磺胺草醚、西玛津等除草剂进行防除。

26 扁秆藨草（图3-26-1，图3-26-2）

莎草科藨草属杂草。分布于我国东北及华北、华东、西北、华中地区。

形态识别 种子和根状茎和块茎繁殖。具匍匐根状茎和块茎。秆高60~100厘米，一般较细，三棱形，平滑，靠近花序部分粗糙，基部膨大，具秆生叶。叶扁平，宽2~5毫米，向顶部渐狭，具长叶鞘。叶状苞片1~3枚，长于花序，边缘粗糙；长侧枝上花序短缩成头状，或有时具少数辐射枝，通常具1~6个小穗；小穗卵形或长圆状卵形，锈褐色，长10~16毫米，宽4~8毫米，具多数花；鳞片膜质，长圆形或椭圆形，长6~8毫米，褐色或深褐色，外面被稀少的柔毛，背面具一条稍宽的中肋，顶端或多或少缺刻状撕裂，具芒；下位刚毛4~6条，上生倒刺，长为小坚果的1/2~2/3；雄蕊3枚，花药线形，长约3毫米；花柱长，柱头2裂。小坚果宽倒卵形，或倒卵形，两面稍凹，或稍凸，长3~3.5毫米。花期5~6月，果期6~9月。

生于潮湿沟渠边或浅水中，繁殖力和再生能力很强，蔓延快，一旦侵入则较难清除。

防治方法 全面深耕，加强田间管理，适时中耕除草。有效除草剂有恶草灵、苄嘧磺隆、双草醚、丁草胺、甲草胺、噁草酮、乙氧氟草醚、吡嘧磺隆等。

㉗ 益母草（图3-27-1至图3-27-3）

唇形科益母草属，一年生或越年生草本植物。又名益母蒿、益母艾、云母草、薅、茺蔚、坤草、九重楼、红花艾、野天麻、玉米草、灯笼草、铁麻干等。分布于全国大部分地区。其干燥地上部分为常用中药。

形态识别 种子繁殖。主根上密生须根。茎直立，高30~120厘米，钝四棱形，微具槽，有倒向糙伏毛，在节及棱上尤为密集，在基部有时近于无毛，多分枝或仅于茎中部以上有能育的小枝条。叶轮廓变化很大，茎下部叶轮廓为卵形，基部宽楔形，掌状3裂，裂片呈长圆状菱形至卵圆形，通常长2.5~6厘米，宽1.5~4厘米，裂片上再分裂，上面绿色，有糙伏毛，叶脉稍下陷，下面淡绿色，被疏柔毛及腺点，叶脉突出，叶柄纤细，长2~3厘米，由于叶基下延而在上部略具翅，腹面具槽，背面圆形，被糙伏毛；茎中部叶轮廓为菱形，较小，通常分裂成3个或偶有多个长圆状线形的裂片，基部狭楔形，叶柄长0.5~2厘米。

花序最上部的苞叶近于无柄，线形或线状披针形，长3~12厘米，宽2~8毫米，全缘或具稀少齿。轮伞花序腋生，具8~15花，轮廓为圆球形，径2~2.5厘米，多数远离而组成长穗状花序；小苞片刺状，向上伸出，基部略弯曲，比萼筒短，长约5毫米，有贴生的微柔毛；花梗无。花萼管状钟形，长6~8毫米，外面有贴生微柔毛，内面于离基部1/3以上被微柔毛，5脉，显著，齿5，前2齿靠合，长约3毫米，后3齿较短，等长，长约2毫米，齿均宽三角形，先端刺尖。花冠粉红至淡紫红色，长1~1.2厘米，外面于伸出萼筒部分被柔毛，冠筒长约6毫米，等大，内面在离基部1/3处有近水平向的不明显鳞毛毛环，毛环在背面间断，其上部多少有鳞状毛，冠檐二唇形，上唇直伸，内凹，长圆形，长约7毫米，宽4毫米，全缘，内面无毛，边缘具纤毛，下唇略短于上唇，内面在基部疏被鳞状毛，3裂，中裂片倒心形，先端微缺，边缘薄膜质，基部收缩，侧裂片卵圆形，细小。雄蕊4，均延伸至上唇片之下，平行，前对较长，花丝丝状，扁平，疏被鳞状毛，花药卵圆形，二室。雌蕊花柱丝状，略超出于雄蕊而与上唇片等长，无毛，先端相等2浅裂，裂片钻形；花盘平顶，子房褐色，无毛。小坚果长圆状三棱形，长2.5毫米，顶端截平而略宽大，基部楔形，淡褐色，光滑。花期6~9月，果期7~10月。

防治方法 幼苗时通过中耕清除，成株后适时割除并挖根，晒干用作中药；还可用甲草胺、灭草松、噁草酮、高效吡氟乙草灵、扑草净、绿麦隆、氟磺胺草醚、西玛津等除草剂进行防除。

28 节节麦（图3-28-1至图3-28-3）

禾本科山羊草属，一年生或越年生杂草。又名粗山羊草。世界性恶性杂草。

形态识别 种子繁殖。黄淮地区10月下旬至11月中旬，形成冬前出苗高峰，约占总数的70%；另有约30%于春季年2月下旬至3月出苗。秆高20~40厘米。叶鞘紧密包茎，平滑无毛而边缘具纤毛；叶舌薄膜质，长0.5~1毫米；叶片宽约3毫米，微粗糙，上面疏生柔毛。穗状花序圆柱形，含（5）7~10（13）个小穗；小穗圆柱形，长约9毫米，含3~5小花，颖革质，长4~6毫米，通常具7~9脉，少数达10脉以上，顶端截平或有微齿；外稃披针形，顶具长约1厘米的芒，穗顶部者长达4厘米左右，具5脉，脉仅于顶端显著，第一外稃长约7毫米；内稃与外稃等长，脊上具纤毛。花果期5~6月。

防治方法 把好种子检疫关，杜绝种子传播。人工及时拔除和田间机械耕作清除。化学防除可参照毒麦的防治方法。

29 长芒草（图3-29-1至图3-29-3）

禾本科针茅属，多年生密丛草本禾草，分布于我国华北、西北、华中地区。是优良野生牧草。

形态识别 种子繁殖。须根丰富；秆紧密丛生，基部膝曲，高20~60厘米，具2~5节，光滑。叶层高15~30厘米，叶鞘无毛，基生者常内含隐藏小穗；叶舌膜质，长1~4毫米，顶端尖，两侧下延与叶鞘边缘结合；叶片内卷呈针状，茎生者长2.5~5厘米，蘖生者长10~20厘米。花序基部常为叶鞘所包，长10~20厘米，分枝细弱，2~4个簇生；小穗灰绿色或淡紫色，稀疏着生于分枝上部；颖长9~15毫米，延伸成细芒，具3~5脉，外稃长4.5~6毫米，背部短毛，顶端关节处有一圈短毛，其下有微刺毛；芒二回膝曲，无毛或具少量柔毛，芒长1~5厘米；内稃和外稃等长。颖果圆柱形。长芒草早春3月下旬至4月上旬返青，月初抽穗开花，雨季来临时已进入果后营养期。秋季，在叶鞘基部生有珠芽，珠芽脱离母体能形成新的植株，这是长芒草的一种特殊繁殖方式。

防治方法 合理轮作；田间及时中耕除草；有效除草剂有高效吡氟乙草灵、吡氟禾草灵、甲草胺、异丙甲草胺、乙草胺、敌稗、萘氧丙草胺、氟乐灵、灭草松、西玛津、噁草酮、茅草枯、草甘膦、敌草隆等。

㉚ 狼把草（图3-30-1至图3-30-4）

菊科鬼针草属，一年生草本植物。又名鬼叉、鬼针、鬼刺等。广泛分布于全国各地。

形态识别 种子繁殖。茎直立，高30~100厘米以上；由基部分枝，无毛。叶对生，茎顶部的叶小，有时不分裂，茎中下部的叶片羽状分裂或深裂；裂片3~5裂，卵状披针形至狭披针形，稀近卵形，基部楔形，稀近圆形，先端尖或渐尖，边缘疏生不整齐大锯齿，顶端裂片通常比下方者大；叶柄有翼。头状花序顶生，球形或扁球形；总苞片2列，内列披针形，干膜质，与头状花序等长或稍短，外列披针形或倒披针形，比头状花序长，叶状；花皆为两性管状，黄色；柱头2裂。瘦果扁平，倒卵状楔形，边缘有倒刺毛，顶端有芒刺2枚，少有3~4枚，两侧有倒刺毛。

防治方法 嫩芽叶可食，幼嫩时可以拔除食用；加强人工除草；有效除草剂有双苯酰草胺、噁草酮、灭草松、萘氧丙草胺、高效吡氟乙草灵、异丙甲草胺、乙氧氟草醚、氟乐灵等。

㉛ 牛膝菊（图3-31-1至图3-31-3）

菊科牛膝菊属，一年生草本野生植物。又称辣子草、向阳花、珍珠草、铜锤草。全草可以入药。

形态识别 种子和分株繁殖。茎高10~80厘米，不分枝或自基部分枝，分枝斜升，全部茎枝被疏散或上部稠密的贴伏短柔毛和少量腺毛。须根发达，根系分布于20~30厘米的表土层，近地的茎及茎节均可长出不定根。主茎节间短，侧枝发生于叶腋间，生长旺盛，节间较长，每片叶的叶腋间可发生1条以上的侧枝。叶对生，卵形或长椭圆状卵形，长1.5~5.5厘米，宽0.6~3.5厘米，基部圆形、宽或狭楔形，顶端渐尖或钝，基出三脉或不明显五出脉，在叶下面稍突起，在上面平，有叶柄，柄长1~2厘米；向上及花序下部的叶渐小，通常披针形；全部茎叶两面粗涩，被白色稀疏贴伏的短柔毛，沿脉和叶柄上的毛较密，边缘浅或钝锯齿或波状浅锯齿，在花序下部的叶有时全缘或近全缘；叶及茎的表面覆盖稀疏的短茸毛。头状花序半球形，有长花梗，多数在茎枝顶端排成疏松的伞房花序，花序径约3厘米；总苞半球形或宽钟状，宽3~6毫米；总苞片1~2层，约5个，外层短，内层卵形或卵圆形，长3毫米，顶端圆钝，白色，膜质；舌状花4~5个，舌片白色，顶端3齿裂，筒部细管状，外面被稠密白色短柔毛；管状花花冠长约1毫米，黄色，下部被稠密的白色短柔毛。瘦果长1~1.5毫米，三棱或中央的瘦果4~5棱，黑色或黑褐色，常压扁，被白色微毛。花果期7~10月。

防治方法 深耕，加强田间管理，结合野生植物的利用在种子成熟前拔除全株。有效除草剂有萘氧丙草胺、草甘膦、灭草松等。

32 天葵（图3-32-1至图3-32-6）

毛茛科天葵属，多年生小草本植物，块根可入药。又名紫背天葵、雷丸草、夏无踪、小乌头、老鼠屎草、旱铜钱草。分布于中国西南、华东、华中、东北等地。

形态识别 种子和块根繁殖。块根长达2厘米，粗3~6毫米，外皮棕黑色。茎1~5条，高10~32厘米，被稀疏的白色柔毛。基生叶多数，为掌状三出复叶；叶片轮廓卵圆形至肾形，长1.2~3厘米；小叶扇状菱形或倒卵状菱形，长0.6~2.5厘米，宽1~2.8厘米，三深裂，深裂片又有2~3个小裂片，两面均无毛；叶柄长3~12厘米，基部扩大呈鞘状；茎生叶与基生叶相似，只是较小。花小，直径4~6毫米；苞片小，倒披针形至倒卵圆形，不裂或三深裂；花梗纤细，长1~2.5厘米，被伸展的白色短柔毛；萼片白色，常带淡紫色，狭椭圆形，长4~6毫米，宽1.2~2.5毫米，顶端急尖；花瓣匙形，长2.5~3.5毫米，顶端近截形，基部凸起呈囊状；雄蕊2枚，线状披针形，白膜质，与花丝近等长；心皮无毛。蓇葖卵状长椭圆形，长6~7毫米，宽约2毫米，表面具凸起的横向脉纹，种子卵状椭圆形，褐色至黑褐色，长约1毫米，表面有许多小瘤状突起。3~4月开花，4~5月结果。

防治方法 幼苗时通过中耕清除，成株后适时挖根卖作中药；还可用双苯酰草胺、苯磺隆、苄嘧磺隆、伏草隆、氟唑草酮、噻磺隆等除草剂进行防除。

33 黄顶菊（图3-33-1至图3-33-6）

菊科黄顶菊属，一年生草本植物。又名南美黄顶菊、野菊花。在我国的华北、华中、华东、华南及沿海地区都有分布。原产于南美洲巴西、阿根廷等国，2001年前后通过不同途径传入我国。列入《中国外来入侵物种名单》（第二批）。

形态识别 种子繁殖。植株高低差异很大，株高20~250厘米，最高可达到3米以上。茎直立、青色或紫色，具有数条纵沟槽，茎上带短茸毛。叶子交互对生，长椭圆形、多汁近肉质；长6~18厘米、宽2.5~4厘米，叶边缘有稀疏而整齐的锯齿，基部生3条平行叶脉。

主茎及侧枝顶端上生有密密麻麻的黄色头状花序，聚集顶端密集成蝎尾状聚伞花序，花冠鲜艳，花鲜黄色，非常醒目。生长迅速，枝繁叶茂，11月份后，植株开始干枯。

黄顶菊的头状花序由许多个只有米粒大小的花朵组成，每一朵花可以产生一粒瘦果。一粒果实中有一粒种子，种子黑色、极小，每粒大小仅1~3.6毫米，但其繁殖力强，每一粒种子都可依托风、水等自然力和人类活动传播，扩散蔓延速度快，遇到适宜的环境迅速生长。黄顶菊结实量多，一株黄顶菊最多可结12万粒种子，花果期夏季至秋季。

黄顶菊具有极强的生理适应能力和进化趋势；喜生于荒地、沟边、公路两旁等富含矿物质及盐分的生长环境。具有喜光、喜湿、嗜盐习性，生长迅速，特别是偏盐碱性土壤适宜其生长繁殖。

地表5厘米地温稳定达到14℃，土壤湿度达75%以上，黄顶菊种子开始萌发，不同的环境萌发时间不一，一般每年从4月上中旬开始到9月，黄顶菊种子均可萌发繁殖。

黄顶菊根系发达，根长可达2米以上。其根系可产生一种化感物质，而抑制其他生物生长，在与周围植物争夺阳光和养分的竞争中，挤占其他植物的生存空间，严重影响其他植物的生长，并最终导致其他植物死亡，致使其他生物灭绝。有研究表表明，在生长过黄顶菊的土壤里播种小麦、大豆，其发芽能力降低。因此，黄顶菊一旦入侵农田，将严重威胁农牧业生产及生态环境安全，因此又称为"生态杀手"。

防治方法

农业防治 4~8月是黄顶菊营养生长期，也是铲除黄顶菊的最佳时期。对零散分布的黄顶菊要做到及时发现、及时铲除。对成片发生地区，先割除植株，再耕翻晒根，并捡尽根茎后焚烧，做到斩草除根。

化学防治 在黄顶菊苗期阶段喷药防治效果好。第一次用药宜在5月中旬，第一次用药后间隔35~40天再进行第二次药物补杀。

非农田防治 每亩用30毫升20%二甲四氯钠盐水剂加30毫升48%苯达松水剂混合，兑水40千克均匀喷雾；或每亩用100毫升10%草甘磷水剂，兑水40千克均匀喷雾，3天后黄顶菊枝端变黄，7~10天后死亡。

农田防治 每亩用20~30毫升25%虎威水剂，兑水40~50千克均匀喷雾防除；或每亩用30毫升20%2甲4氯钠盐水剂加30毫升48%苯达松水剂混合，兑水40千克均匀喷雾防除。

34 山藿香（图3-34-1至图3-34-4）

唇形科藿香属。又名血见愁、血芙蓉、野石蚕、野薄荷、仁沙草、苦药菜、假紫苏等。分布于河南、山东、安徽、江苏、浙江、江西、福建、台湾、四川、云南等地。具药用功效。

形态识别 种子繁殖。茎直立，多分枝；高30~70厘米，下部无毛或几近无毛，上部具夹生腺毛的短柔毛。叶柄长1~3厘米，近无毛；叶片卵圆形至卵圆状长圆形，长3~10厘米，先端急尖或短渐尖，基部圆形、阔楔形至楔形，下延，边缘具齿，有时数齿间具深刻的齿弯，两面近无毛或被极稀的微柔毛。

假穗状花序生于茎及短枝上部，长3~7厘米，密被腺毛，由密集具2花的轮伞花序组成；苞片披针形，较开放的花稍短或等长；花梗短，长约2毫米，密被长柔毛。花萼小，钟形，长2.8毫米，宽2.2毫米，外面密被长柔毛，内面在齿下被稀疏微柔毛，齿缘具缘毛，10脉，其中5副脉不甚明显。果时花萼呈圆球形，直径3毫米左右。花冠白色、淡红色或淡紫色，长6.5~7.5毫米，冠筒长3毫米左右，稍伸出，唇片与冠筒成大角度的钝角，中裂片正圆形，侧裂片卵圆状三角形，先端钝。雄蕊伸出，前对与花冠等长。花柱与雄蕊等长。花盘盘状，浅4裂。子房圆球形，顶端被泡状毛。小坚果扁球形，长1.3毫米，黄棕色。

花期黄淮地区7~9月，广东、云南南部6~11月。

防治方法 幼苗时通过中耕清除，利用其可以入药的特性成株后适时割除并挖根；还可用伏草隆、灭草松、噁草酮、扑草净、嗪草酮、绿麦隆、氟磺胺草醚、西玛津等除草剂进行防除。

35 翻白草（图3-35-1至图3-35-4）

蔷薇科委陵菜属，多年生草本，全草皆可入药。又名鸡腿根、鸡拔腿、天藕、翻白委陵菜、叶下白、鸡爪参等。分布于黑龙江、辽宁、内蒙古、河北、山西、陕西、山东、河南、江苏、安徽、浙江、江西、湖北湖南、四川、福建、台湾、广东等地。

形态识别 种子繁殖和分株繁殖。根粗壮，下部肥厚呈纺锤形。花茎直立，上升或微铺散，高10~45厘米，密被白色绵毛。基生叶有小叶2~4对，茎节长0.8~1.5厘米，连叶柄长4~20厘米，叶柄密被白色绵毛；小叶对生或互生，无柄，小叶片长圆形或长圆披针形，长1~5厘米，宽0.5~0.8厘米，顶端圆钝，稀急尖，基部楔形、宽楔形或偏斜圆形，边缘具圆钝锯齿，稀急尖，上面暗绿色，被稀疏白色绵毛或脱落几无毛，下面密被白色或灰白色绵毛。茎生叶1~2对，有掌状叶3~5片。基生叶托叶膜质，褐色，外面被白色长柔毛；茎生叶托叶草质，绿色，卵形或宽卵形，边缘有缺刻状，下面密被白色绵毛。

聚伞花序有花数朵，疏散，花梗长1~2.5厘米，外被绵毛；花直径1~2厘米；萼片三角状卵形，副萼片披针形，比萼片短，外面被白色绵毛；花瓣黄色，倒卵形，顶端微凹或圆钝，比萼片长；花柱近顶生，基部具乳头状膨大，柱头稍微扩大。瘦果近肾形，宽约1毫米，光滑。花果期5~9月。

防治方法 深耕，加强田间管理，结合可以入药的特性在种子成熟前拔除全株。有效除草剂有嗪草酮、噁草酮、灭草松、萘氧丙草胺、异丙甲草胺、乙氧氟草醚、氟乐灵等。

36 龙爪茅（图3-36-1至图3-36-4）

禾本科龙爪茅属，一年生或多年生草本植物。又名竹目草、埃及指梳茅。分布我国热带及亚热带地区。

形态识别 种子繁殖和分株繁殖。秆直立，高15~60厘米，或基部匍匐状，于节处生根且分枝。叶鞘松弛，边缘被柔毛；叶舌膜质，长1~2毫米，顶端具纤毛；叶片扁平，长5~18厘米，宽2~6毫米，顶端尖或渐尖，两面被疣基毛。穗状花序2~7个指状排列于秆顶，长1~4厘米，宽3~6毫米；小穗长3~4毫米，含3小花；外稃中脉成脊，脊上被短硬毛，第一外稃长约3毫米，有近等长的内稃；其顶端2裂，背部具2脊，背缘有翼，翼缘具细纤毛；颖果球状；花果期5~10月。

防治方法 合理轮作；田间及时中耕除草；有效除草剂有恶草灵、吡氟禾草灵、甲草胺、异丙甲草胺、乙草胺、敌稗、萘氧丙草胺、氟乐灵、灭草松、西玛津、噁草酮、茅草枯、草甘膦、敌草隆等。

37 白羊草（图3-37-1至图3-37-3）

禾本科孔颖草属，多年生草本植物。分布几遍全国；可作牧草。

形态识别 种子繁殖和分株繁殖。多年生疏丛型，具短根茎，分蘖力强，能形成大量基生叶丛。秆丛生，直立或基部倾斜，高25~70厘米，径1~2毫米，具三至多节，节上无毛或具白色髯毛；叶鞘无毛，多密集于基部；叶舌膜质，长约1毫米，具纤毛；叶片线形，长5~16厘米，宽2~3毫米，顶生者常缩短，先端渐尖，基部圆形，两面疏生柔毛或下面无毛。总状花序4至多数着生于秆顶呈指状，长3~7厘米，纤细，灰绿色或带紫褐色，总状花序轴间与小穗柄两侧具白色丝状毛；无柄小穗长圆状披针形，长4~5毫米；第一颖背部中央略下凹，具5~7脉；第二颖舟形，中部以上具纤毛；第一外稃长圆状披针形，长约3毫米，先端尖；第二外稃退化成线形，先端延伸成一膝曲扭转的芒，芒长10~15毫米；

第一内稃长圆状披针形，长约0.5毫米；第二内稃退化；雄蕊3枚，长约2毫米。有柄小穗雄性。花果期秋季。

须根特别发达，常形成强大的根网，耐践踏，固土保水力强。性喜温暖和湿度中等的砂壤土环境，为典型喜暖的中旱生植物。华北地区一般在4月下旬萌发，6月份生物量猛增，9月初花期以后生长缓慢，并很快停止。

防治方法 深翻土壤，发现有白羊草发生即彻底清除，防止形成灾害；利用可以作牧草的特性及时割除；有效除草剂有禾草灭、草甘膦、吡氟禾草灵、茅草枯、烯禾啶等。

38　马兰草（图3-38-1至图3-38-5）

属菊科马兰属，多年生草本植物。又名马兰、马莱、马郎头、红梗菜、鸡儿菜、田边菊、紫菊等。野生种，生于路边、田野、山坡上，全国大部分地区有分布。嫩叶及嫩芽可以食用，全草可入药。

形态识别 种子繁殖和根茎繁殖。根状茎有匍枝，有时具直根。茎直立有分枝，高30~70厘米，上部有短毛。茎部叶倒披针形或倒卵状矩圆形，长3~10厘米，宽0.8~5厘米，顶端钝或尖，基部渐狭窄成具翅的长柄，边缘从中部以上具有尖齿或有羽状裂片，上部叶小，全缘，基部急狭无柄，叶两面或上面有稀疏微毛或近无毛，边缘及下面沿脉有短粗毛，中脉在下面凸起。基部叶在花期枯萎。头状花序单生于枝端并排列成疏伞房状。总苞半球形，径6~9毫米，长4~5毫米；总苞片2~3层，覆瓦状排列；外层倒披针形，长2毫米，内层倒披针状矩圆形，长达4毫米，顶端钝或稍尖，上部草质，有疏短毛，边缘膜质。花托圆锥形。舌状花1层，15~20个，管部长1.5~1.7毫米；舌片浅紫色，长达10毫米，宽1.5~2毫米。瘦果倒卵状矩圆形，长1.5~2毫米，宽1毫米，褐色，边缘浅色而有厚肋，上部被腺及短柔毛。冠毛长0.1~0.8毫米。花期5~9月，果期8~11月。

防治方法 园地深耕，捡拾地下根茎带出园外处理；结合嫩芽叶可以食用和药用的特性，有目的地采摘利用。采用伏草隆、唑草酮、敌草胺、双氟磺草胺、2甲4氯钠等除草剂进行防治。

39　鸡眼草（图3-39-1至图3-39-3）

豆科鸡眼草属，多年生植物。又名掐不齐、牛黄黄、公母草。分布于我国东北、华北、华东、中南、西南等地。生于路旁、田边、溪旁、砂质地或缓山坡草地，海拔500米以下。

形态识别 种子繁殖和根茎繁殖。茎披散或平卧，多分枝，高5~45厘米，茎和枝上被倒生的白色细毛。叶为三出羽状复叶；托叶大，膜质，卵状长圆形，长3~4毫米，具条纹，有缘毛；叶柄极短；小叶倒卵形、长倒卵形或长圆形，长6~22毫米，宽3~8毫米，先端圆形，基部近圆形或宽楔形，全缘；两面沿中脉及边缘有白色粗毛，但上面毛较稀少，侧脉多而密。

花小，单生或2~3朵簇生于叶腋；花梗下端具2枚大小不等的苞片，萼基部具4枚小苞片，其中1枚极小，位于花梗关节处；花萼紫色、钟状5裂，裂片宽卵形，外面及边缘具白毛；花冠粉红色或紫色，长5~6毫米，较萼约长1倍，旗瓣椭圆形，龙骨瓣比旗瓣稍长或近等长，翼瓣比龙骨瓣稍短。荚果圆形或倒卵形，长3.5~5毫米，较萼稍长或长达1倍，先端短尖，被柔毛。花期7~9月，果期8~10月。

防治方法　适时中耕除草，由于是多年根生，且根较发达，中耕时一定要连根清除。有效除草剂有敌草胺、甲草胺、异丙甲草胺、乙草胺、敌稗、萘氧丙草胺、西玛津、扑草净、噁草酮、乙氧氟草醚、百草枯、草甘膦等。

㊵ 赖草（图3-40-1至图3-40-5）

禾本科赖草属，多年生草本植物。又名冰草、厚穗赖草、滨草、老披碱。可以作牧草，也可入药。分布于我国东北的西部，河北、河南、山西、陕西、宁夏、四川、青海、甘肃、内蒙古、新疆等地。

形态识别　种子繁殖和分株繁殖。具下伸的根状茎。秆直立，较粗硬，单生或呈疏丛状，生殖枝高45~100厘米，营养枝高20~35厘米，茎部叶鞘残留呈纤维状。叶片长8~30厘米，宽4~7毫米，深绿色，平展或内卷。穗状花序直立，长10~15厘米，宽0.8~1毫米，穗轴每节具小穗1~4枚，长10~15毫米，含4~7小花，小穗轴被短柔毛，颖锥形，长8~12毫米，正覆盖小穗；外稃披针形，被短柔毛，先端渐尖或具1~3毫米长的短芒，第一外稃长8~10毫米，内稃与外稃等长，先端略显分裂。

赖草耐旱、耐寒，适应性广，从暖温带、中温带以至4500米以上的高寒地带都有分布。一般在3月底到4月初返青，5月下旬抽穗，6~7月开花，7~8月种子成熟。其生长形态随环境而变化较大。在干旱或盐渍较重的生境，生长低矮，有时仅有3~4片基生叶，而生长在水分条件较好、盐渍化程度较轻的地带，能生长成繁茂的株丛，并以强壮的根茎迅速繁衍，成为独立的优势群落。叶层可高达30~40厘米，能正常抽穗、开花，但结实率差，许多小花不孕，成熟种子较少。

防治方法　人工及时拔除，种子成熟前铲除，减少种子存留和翌年发生；利用可以作牧草和入药的特性，刈割利用。有效除草剂有精吡氟禾草灵、乙草胺、丙草胺、丁草胺、二甲戊灵、二氯喹啉酸、五氟磺草胺等。

第 **4** 章

果园害虫主要天敌
保护与识别利用

01 食虫瓢虫（图4-1-1至图4-1-8）

属鞘翅目瓢虫科。瓢虫的种类多达4000种，其中80%以上是肉食性的。常见的有七星瓢虫、四斑月瓢虫、二星瓢虫、小红瓢虫、大红瓢虫、异色瓢虫、黑背小毛瓢虫、澳洲瓢虫、深点食螨瓢虫、黑襟毛瓢虫、龟纹瓢虫、孟氏隐唇瓢虫等，均为天敌昆虫。全国各产区均有分布。我国利用瓢虫防治果树害虫已达数十种。

防治对象　以成虫、幼虫捕食叶螨、蚜虫、介壳虫、粉虱、木虱、叶蝉等小体型昆虫及鳞翅目低龄幼虫和卵。

生活习性　捕食性瓢虫其食量很大，如异色瓢虫的1龄幼虫每天捕食蚜虫数量为10~30头，4龄幼虫为每天100~200头，成虫食量更大。而深点食螨瓢虫能捕食果树、蔬菜、花卉及林木等多种螨类的成虫、若虫和卵，它的成虫和幼虫发生时期长，世代重叠，食量大，对果树上的螨类有较好的控制作用。

利用方法

利用七星瓢虫等防治果树蚜虫　食蚜瓢虫除七星瓢虫外，还有四斑月瓢虫、二星瓢虫、异色瓢虫、龟纹瓢虫、六斑月瓢虫等。于4~5月间把麦田的上述瓢虫引移到果园，每亩移入千头以上，可有效地防治果树蚜虫。也可在早春利用田间的蚜虫饲养繁殖瓢虫，然后散放到果园中控制果树蚜虫效果好。

用澳洲瓢虫、大红瓢虫、小红瓢虫防治果树害虫吹绵蚧　4~6月移殖散放到果园中心枝叶茂密、吹绵蚧多的果树上，每500株受害树，散放200头成虫，散放后2个月可消灭吹绵蚧。

利用食螨瓢虫防治果树害螨　常用的有深点食螨瓢虫、广东食螨瓢虫、拟小食螨瓢虫、腹管食螨瓢虫。生产上华北地区用深点食螨瓢虫防治苹果叶螨效果很好。后3种分布东南地，在4、5月和9、10月将食螨瓢虫散放在果树枝条上，于每亩果园中央10株放200~400头，可控制山楂叶螨等。

02 草蛉（图4-2-1至图4-2-4）

属脉翅目草蛉科。幼虫又称蚜狮。草蛉种类多，分布广，食性杂。已知有86属1350多种，中国有15属百余种，常见的有中华草蛉、大草蛉、丽草蛉、叶色草蛉、晋草蛉等，分布在长江流域及北方各地。普通草蛉分布在新疆、黄淮、台湾等地。

防治对象　草蛉是捕食性天敌昆虫。成虫、幼虫捕食螨类、蚜虫类、白粉虱、叶蝉、介壳虫、蓟马等多种小体型害虫以及蝶蛾类和叶甲类的卵和幼虫。

生活习性 草蛉食量大，行动迅速，捕食能力强。草蛉在华北地区1年发生3~5代。其成虫产卵量大，少者300~400粒，多者达1000粒以上。草蛉发育一代需22~43天。1头大草蛉幼虫一生可捕食各类蚜虫600头以上；1头中华草蛉1~3龄幼虫平均日最多可分别捕食若螨400~700头，同时还可捕食其他害虫的卵和幼虫。中华草蛉控制害虫作用非常明显。

利用方法 晋草蛉嗜食螨类，可用于防治山楂叶螨、卵形短须螨。大草蛉嗜食蚜虫，用于防治果树上的蚜虫。利用方法是在上述螨类、蚜虫初发时投放即将孵化的灰色蛉卵，也可把蛉卵放入1%琼脂液中，用喷雾法施放。

草蛉的饲养：将新羽化的成虫集中大笼饲养，喂饲清水和啤酒酵母干粉加食糖混合（10∶8）的人工饲料，进入产卵前期转入产卵笼饲喂。每笼养雌草蛉50~75头，搭配少量雄虫，笼内壁围衬卵箔纸，24小时可获草蛉卵700~1000粒，每天更换卵箔纸1次，添加清水和饲料。把卵箔装进塑料袋封口置于8~12℃条件下，存放30天，卵仍可孵化。

03 寄生蜂、蝇类（图4-3-1至图4-3-8）

寄生蜂，属膜翅目，分属姬蜂科、小蜂科等。种类多，分布广。我国应用较多的有赤眼蜂、蚜茧蜂、甲腹茧蜂、上海青蜂、跳小蜂和姬小蜂、姬蜂和茧蜂等。

寄生蝇，属双翅目寄蝇科。是果园害虫幼虫和蛹的主要天敌，防治对象与寄生蜂类基本相同。与苍蝇的主要区别是身上有很多刚毛，种类很多。果树上常见的有卷叶蛾赛寄蝇、伞裙追寄蝇等，寄主为桃小食心虫、大袋蛾、棉蛉虫、小地老虎等。

防治对象 以雌成虫产卵于鳞翅目害虫，如桃蛀螟、果剑纹夜蛾、刺蛾、桃小食心虫、卷叶蛾及蚜虫等寄主体内或体外，以幼虫取食寄主的体液摄取营养，至寄主死亡。

生活习性 不同的寄生蜂对寄主的寄生方式不同，可以分别寄生卵、幼虫、蛹和成虫、若虫。

赤眼蜂 是一种寄生在害虫卵内的寄生蜂，我国应用较多的有松毛虫赤眼蜂、拟澳洲赤眼蜂、舟蛾赤眼蜂及稻螟赤眼蜂等。该类蜂体型很小，眼睛鲜红色，故名赤眼蜂。它能寄生400余种昆虫卵，尤其喜欢寄生鳞翅目昆虫卵，如果树上的刺蛾等，是果园害虫的重要天敌。果树上常见的松毛虫赤眼蜂，在自然条件下，华北地区1年发生10~14代，每头雌蜂可繁殖子代40~176头。利用松毛虫赤眼蜂防治果园梨小食心虫，每亩放蜂量8万~10万头，梨小食心虫卵寄生率为90%，虫害明显降低，其效果明显好于化学防治。

蚜茧蜂 是一种寄生在蚜虫体内的重要天敌。蚜茧蜂在4~10月均有成虫发生，每头雌蜂产卵量数粒至数百粒，尤其喜欢寄生2~3龄的若蚜，以6~9月寄生率较高，有时寄生率高达80%~90%，对蚜虫种群有重要的抑制作用。

甲腹茧蜂　果园常见的是桃小甲腹茧蜂，1年发生2代，寄主为桃小食心虫，以幼虫在桃小食心虫越冬幼虫体内越冬，世代发生与寄主同步。寄生率可达25%~50%。

跳小蜂和姬小蜂　旋纹潜叶蛾的主要天敌，均在寄主蛹内越冬。1年发生4~5代，越冬代成虫5月份将卵产于寄主幼虫体内，寄生率可达40%以上。

姬蜂和茧蜂　可寄生多种害虫的幼虫和蛹。果树上主要有桃小食心虫白茧蜂和花斑马尾姬蜂。白茧蜂1年发生4~5代，产卵于寄主卵内，随寄主孵化而取食发育，直至将寄主幼虫致死。马尾姬蜂1年发生2代，以幼虫在寄主幼虫体内越冬，翌春待寄主化蛹后将其蚕尽，并在寄主蛹壳内化蛹。

利用方法　以赤眼蜂为例。用蓖麻蚕、柞蚕及松毛虫的卵，繁殖松毛虫赤眼蜂和拟澳洲赤眼蜂，这两种赤眼蜂在蓖麻蚕卵内，25℃发育历期10~12天，每年可繁殖30~50代。繁殖时可从田间采集被赤眼蜂寄生的卵，羽化后进行鉴定再饲养。用于寄生的蓖麻蚕卵先洗掉表面胶质，用白纸涂薄胶后，把蚕卵均匀黏上制成卵箔或称卵卡。繁蜂时把卵箔置于繁蜂箱透光一面，当种蜂羽化30%~40%时接蜂。成蜂趋光并趋向蚕卵寄生。种蜂和蓖麻蚕卵的比为2：1或1：1，适温25~28℃，相对湿度85%~90%为宜。田间放蜂、繁殖及防治对象的卵期应掌握恰当才能有效。制好的蜂卡要在蜂发育到幼虫期或预蛹期时，置于10℃以下冷藏保存，50~90天内羽化率不低于70%。放蜂时把即将羽化的预制蜂卡，按布局分放在田间，使其自然羽化，也可先在室内使蜂羽化、再饲以糖蜜，然后到田间均匀释放。防治发生代数较多或产卵期较长的害虫时，应在害虫产卵期内多放几次蜂。

04　捕食螨（图4-4-1）

属蛛形纲，分属不同的科。俗称红蜘蛛、黄蜘蛛等。是以捕食害螨为主的有益螨类的统称。我国有利用价值的捕食螨种类有智利小植绥螨、东方植绥螨、尼氏钝绥螨、穗氏钝螨、东方钝绥螨、拟长毛钝绥螨、西方盲走螨等。

防治对象　以成虫、若虫捕食害螨和蚜虫、介壳虫、叶蝉等小体型害虫和卵。

生活习性　在捕食螨中以植绥螨最为理想，它捕食凶猛，具有发育周期短、捕食范围广、捕食量大等特点，1头雌螨能消灭5头害螨在半月内繁殖的群体，同时还捕食一些蚜虫、介壳虫等小体型害虫。植绥螨发生代数因种类而异，一般1年发生8~12代，以雌成虫在枝干树皮裂缝或翘皮下越冬。幼螨孵化后随即取食，成螨、若螨均可捕食害螨的各虫态。

利用方法　我国对几种植绥螨的饲养繁殖，多采用隔水法：即在瓷盆内垫泡沫塑料，上盖一层薄膜，饲料和植绥螨放在薄膜上，盘中加浅水隔离，防止植绥螨逃逸。饲料以喜食的害螨为主，也可用20%~50%的蜂蜜水、鲜花粉或干燥2年的柑橘花粉为食料。适时在果园中释放植绥螨。果园内种植益螨栖息植物豆类等，增加其栖息场所和食料来源；合理灌溉，提高果园相对湿度；加强测报，必要时进行挑治，以利益螨繁殖，使益螨种群数量增加，维持益、害螨之间的数量平衡，把害螨控制在经济阈值允许的范围之内。

05　蜘蛛（图4-5-1至图4-5-8）

属蜘蛛纲蛛形目。种类多，种群的数量大，分属不同的科。我国有3000多种，现已定名1500余种，其中80%生活在果园中，是害虫的主要天敌。如三突花蛛、草间小黑蛛、八斑球腹蛛、拟水狼蛛等。

防治对象　为肉食性动物。捕食同翅目、鳞翅目、直翅目、半翅目、鞘翅目等多种害虫，如蚜虫、花弄蝶、毛虫类、椿象、叶蝉、飞虱、卷叶蛾等害虫的成虫、幼虫和卵。

生活习性　蜘蛛寿命较长，小体型半年以上，大体型可达多年；两性生殖，雄蛛体小，出现时间短，通常采到的多为雌蛛；抗逆性强，耐高温、低温和饥饿；为肉食性动物，性情凶猛，行动敏捷，专食活体，在它的视力范围或丝网附近的猎物很少能够逃脱；分结网和不结网两类，前者在地面土壤间隙做穴结网或在树冠上、草丛中结网，捕食落入网中的害虫，后者游猎捕食地面和地下害虫，也可从树上、草丛、水面或墙壁等处猎食，无固定的栖息场所。捕食时先用螯肢刺入活虫体内，注入毒液使之麻痹，然后取食。

利用方法　①创造适于蜘蛛生存的环境条件，特别注意不要人为破坏蜘蛛结的丝网；收集田边、沟边杂草等处的蜘蛛，助其迁入果园。②人工繁殖。人工繁殖母蛛越冬，待其产卵孵化后，分批释放至果园，增加果园有益蛛量。或于2~3月田间收集越冬卵囊，冷藏在0℃左右的低温下，经40天对孵化无影响，待果树发芽后放入果园。③防治害虫时选择高效低毒农药，不准用剧毒农药，以免伤及害虫天敌。

06　食蚜蝇（图4-6-1至图4-6-4）

属双翅目食蚜蝇科。种类多，分布广。主要有黑带食蚜蝇、斜斑额食蚜蝇等。

防治对象　捕食果树蚜虫、叶蝉、介壳虫、飞虱、蓟马、叶螨等小体型害虫和蝶蛾类害虫的卵和初龄幼虫。

生活习性　成虫颇似蜜蜂，但腹部背面大多有黄色横带，喜取食花粉和花蜜。卵单产，白色，大多产于蚜虫群中或其周围。黑带食蚜蝇是果园中较常见的一种，幼虫蛆形，头尖尾钝，体壁上有纵向条纹，碰到蚜虫就用口器咬住不放，举在空中吸，把体液吸干后丢弃在一旁，又继续捕食；幼虫孵化后即可捕食蚜虫，每只幼虫一生可捕食数百头至数千头蚜虫；在华北地区1年发生4~5代，卵期3~4天，幼虫期9~11天，蛹期7~9天，多以末龄幼虫或蛹在植物根际土中越冬，翌春4月上旬成虫出现，4月下旬在果树及其他植物上活动取食，5~6月份各虫态发生数量较多，7~8月份蚜虫等食料缺乏时，幼虫在叶背或卷叶中化蛹越夏，秋季又继续取食或转移至果园附近农田或林木上产卵，孵化后继续取食蚜虫，秋后入土化蛹。

利用方法 ①种植蜜源植物，招引和诱集食蚜蝇繁衍。②人工繁殖和释放。③提倡使用低毒高效低残留农药，禁用剧毒农药，保护天敌。

07　食虫椿象（图4-7-1至图4-7-3）

属半翅目蝽总科。果园害虫天敌的一大类群，其种类很多。主要有茶色广喙蝽、东亚小花蝽、小黑花蝽、黑顶黄花蝽、光肩猎蝽、白带猎蝽、褐猎蝽等。

防治对象 以成虫、若虫捕食蚜虫、叶螨、介类、叶蝉、蓟马、椿象以及鳞翅目、鞘翅目害虫的卵及低龄幼虫。

生活习性 食虫椿象与有害椿象的区别：有害椿象有臭味，其喙由头顶下方紧贴头下，直接向体后伸出，不呈钩状。而食虫椿象大多无臭味，喙坚硬如锥，基部向前延伸，弯曲或呈钩状，不紧贴头下。在北方果区多数食虫椿象1年发生4代，发生期4~10月，若虫孵化后即可以取食，专门吸食害虫的卵汁或幼虫、若虫体液。捕食能力很强，1头小黑花蝽成虫日平均捕食各种虫态叶螨20头，卵20粒，蚜虫27头。以雌成虫在果树枝、干的翘皮下越冬，翌年4月开始活动取食。

利用方法 ①创造适于天敌活动的环境条件，招引和诱集。②人工繁殖和释放。③果园用药要选用对天敌杀伤力小的农药，保护天敌。

08　螳螂（图4-8-1至图4-8-3）

属螳螂目螳螂科。俗称砍刀。种类多，分布广，我国有50多种，常见的有广腹螳螂、大刀螳螂、薄翅螳螂、中华螳螂等。

防治对象 捕食蚜虫类、蛾蝶类、甲虫类、椿象类等60多种果园害虫，食性很杂。

生活习性 北方果区1年发生1代，以卵在树枝上越冬。每年5月下旬至6月下旬孵化为若虫，8月羽化为成虫，成虫交尾后，雌成虫即将雄成虫吃掉，9月后产卵越冬。自春至秋田间均有发生，成、若虫期100~150天，其间均可捕食害虫。若虫具有跳跃捕食习性，1~3龄若虫喜食蚜虫，特别是有翅蚜，3龄以后嗜食体壁较软的鳞翅目害虫，成虫则可捕食各类虫态的害虫。螳螂食量大，1只螳螂一生可捕食害虫2000多头。其捕食有两大特点，一是只捕食活的猎物；二是即使吃饱了，见到猎物不吃也要杀死，即螳螂特有的杀死性。

利用方法　①人工繁殖和释放。螳螂产卵后，采集产有螳螂卵的枝条，放在室内保护越冬，第二年待初孵若虫出现时，释放到果园，每亩释放200~300头。②注意化学药剂的品种选择、喷药量和喷药时期，尽量避免在杀死害虫的同时也杀死螳螂。

09　白僵菌（图4-9-1至图4-9-2）

虫生真菌，属半知菌类，是昆虫的主要病原真菌。

防治对象　可防治鳞翅目、鞘翅目、半翅目、同翅目、直翅目、膜翅目等200多种害虫的幼虫。如危害果树的桃小食心虫、桃蛀螟、刺蛾类、夜蛾类、梨虎象、柑橘卷叶蛾、拟小黄卷蛾、褐带长卷蛾、后黄卷叶蛾、荔枝蝽等。

作用机理　白僵菌菌剂一般为白色至灰白色粉状物，是白僵菌的分生孢子，国产白僵菌粉剂，每克含活孢子50亿~80亿个。菌剂喷洒到害虫体上后，菌丝穿透幼虫体壁，在体内大量繁殖，经2~3天致害虫死亡。死虫体壁坚硬，体表长满白色菌丝及孢子，称为白僵虫。虫体上的孢子随风扩散，遇到其他害虫又可传染，使害虫致病死亡。白僵菌寄主专一性强（对桃小食心虫的自然寄生率可达20%~60%），持效性强，可保护天敌，致死害虫速度虽不及化学农药效果明显，但对环境不会造成污染。

利用方法　①用于防治桃小食心虫和蛴螬。在果园桃小越冬幼虫出土和脱果初期，以及蛴螬活动盛期，树下地面喷洒白僵菌粉每平方米8克，与25%辛硫磷微胶囊剂每平方米0.3毫升混合液，防效明显。②用白僵菌高效菌株B-66处理地面，可使桃小食心虫出土幼虫大量感病死亡，幼虫僵死率达85.6%，并显著降低蛾、卵数量。③防治蚜虫。在蚜虫发生严重时，喷洒白僵菌制剂，感染该菌的蚜虫死后表面呈白色，症状明显。

注意　利用白僵菌制剂防治害虫，菌液要随配随用，配好的菌液应在2小时内喷完，以免孢子过早萌发，失去致病力；田间湿度大、菌剂与虫体接触，防治效果才好。

10　苏云金杆菌

属细菌。又叫Bt，亦称"424"。另外，杀螟杆菌、青虫菌、松毛虫杆菌、

"7216"等都属于苏云金杆菌类。利用其制成的杀虫剂称为细菌杀虫剂。

防治对象　能杀死农林、果树等多种害虫，尤其对鳞翅目幼虫如刺蛾类、卷叶蛾类、桃蛀螟、桃小食心虫、枣尺蠖等防治效果好。且对草蛉、瓢虫等捕食性天敌无害。

作用机理　是目前世界上产量最大的微生物杀虫剂。已有100多种商品制剂。其制剂因采用的原料和方法不同，呈浅黄色、黄褐色或黑色粉末，每克含活孢子100亿~300亿个。可以喷雾、喷粉、泼浇或制成毒土和颗粒剂。杀虫细菌是一种好气性细菌，芽孢对高温忍耐力较强，制剂不受潮湿、保存适当可数年不丧失毒力。其杀虫机理是害虫食菌后破坏害虫的肠道，影响取食，致害虫死亡。杀虫效果对老熟幼虫比幼龄害虫好。

利用方法　①喷雾防治桃蛀螟、刺蛾和卷叶蛾类。选择有露水的早晨或空气湿度较大的傍晚，用每克含活孢子数为100亿的菌粉300~500倍液喷雾，使用时加0.1%的洗衣粉或豆面作黏着剂，提高防治效果。②菌粉应放在干燥阴凉处保存，避免水湿、暴晒，对家蚕有毒，严禁在桑园使用。因杀虫速度比化学农药慢，施药期应稍加提前。

⑪　核多角体病毒

感染昆虫的病毒有三大类，即多角体病毒（NPV）、颗粒病毒和无包涵病毒，利用最多的是多角体病毒。

防治对象　感染近200种昆虫发病，主要是鳞翅目昆虫幼虫，如大袋蛾等。

利用方法　饲养健康的幼虫至3龄末时，用带病毒的饲料喂食使其感染，3天后幼虫开始死亡。将死虫收集在棕色瓶里，即制成毒剂，贮存备用。防治大袋蛾时，可在卵盛期喷布。每亩用30~50头死虫研碎，用二层纱布过滤后再用少量清水冲洗加至所需水量，每亩所用病毒制剂内加30克充分研碎的活性炭保护剂提高防效。每代需喷2~3次，相隔5~7天。防治2次的防效达84%以上，高于其他化学农药，且可以保护天敌。

⑫　食虫鸟类（图4-12-1至图4-12-5）

我国以昆虫为主要食料的鸟类约有600种。常见的有大山雀、燕子、大杜鹃、大斑啄木鸟、灰喜鹊、喜鹊、戴胜、黄鹂、柳莺等。

防治对象　可啄食多种农、林、果害虫，主要有叶蝉、叶蜂、蚜虫、木虱、椿象、金龟甲、蝶蛾类幼虫等，果园内所有害虫都可能被取食，对害虫的控制作用非常大。虽然鸟类也啄食成熟的果实，使果实失去食用价值，但利大于弊。

生活习性

大山雀　山区、平原均有分布，地方性留鸟，喜在果园及灌木丛中活动，善跳跃和飞翔。多在树洞、墙洞中筑巢，产卵3～5枚。食量很大，1头大山雀一天捕食害虫的数量相当于自身体重，在大山雀的食物中，农林害虫数量约占80%。

大杜鹃　夏候鸟或旅鸟，和鸽子大小相近，喜栖息在开阔的林地，以取食大型害虫为主，特别喜食一般鸟类不敢啄食的毛虫，如刺蛾等害虫的幼虫，1头成年杜鹃一天可捕食300多头大型害虫。

大斑啄木鸟　身体上黑下白，尾下呈红色。在树上活动时，一面攀登，一面以嘴快速叩树，叩树之声不绝于耳，若树上有虫，则快速啄破树皮，用舌钩出害虫吞食，主要捕食鞘翅目害虫、椿象、天牛蛀干幼虫等。食量很大，每天可取食1000～1400头害虫幼虫。

灰喜鹊　留鸟。全体灰色，灵活敏捷，善飞翔，喜在密集的果园和森林中群居和筑巢。喜食金龟子、刺蛾、蓑蛾等30余种害虫，1只灰喜鹊全年可吃掉1.5万头害虫。

保护利用　①禁止人为破坏鸟巢，禁止捕猎、毒害鸟类。②招引鸟类。冬季在果园为食虫益鸟给饵、在干旱地区给水、在果园栽植益鸟食饵植物、在果园内设置人工鸟巢箱等，为益鸟的栖息和繁殖创造条件。③避免频繁使用广谱性杀虫剂，以免误伤鸟类。④人工饲养和驯化当地鸟类，必要时可操纵其治虫。

13　蟾蜍（癞蛤蟆）、青蛙（图4-13-1，图4-13-2）

蟾蜍是无尾目蟾蜍科动物的总称，全国各地均有分布，有300多种。青蛙是无尾目蛙科动物的总称，有650余种。蛙和蟾蜍的区别：皮肤比较光滑、身体比较苗条、善于跳跃、会游泳的称为蛙；而皮肤比较粗糙、身体比较臃肿、不善跳跃、不会游泳的称为蟾蜍。

防治对象　主要捕食蚱蜢、蝶蛾类幼虫、象鼻虫、蝼蛄、金龟甲、蚜虫等多种害虫。

生活习性　蛙和蟾蜍冬季多潜伏在水底淤泥里或烂草里，也有的在陆上泥土里越冬。从春末至秋末，白天栖息于石块下、草丛、土洞或池塘、水沟、小河内。黄昏和夜间捕食，有的昼夜均可取食，但以夜间的为多，尤其喜雨后捕食各种害虫，捕食量大，一头青蛙日捕食70多头害虫，对控制果园害虫效果明显。

利用方法　①禁止捕食青蛙和捕捞蝌蚪。②合理使用农药，禁止使用高毒、高残留农药，保护蛙类。③有目的地饲养。当田埂边或将要断水的沟渠中有蛙卵和蝌蚪时，及时捞取，放入有水沟渠中，使蛙卵正常孵化和蝌蚪正常生长。

第5章

果园病虫草无公害
综合防治

01 适宜果园使用的农药种类及其合理使用

无公害果品生产使用的农药药剂，必须是经国家正式登记的产品，不能使用有致癌、致畸、致突变的危险的或有嫌疑的药剂。

（一）允许使用的部分农药品种及使用要求

在果园无公害果品生产中，要根据防治对象的生物学特性和危害特点合理选择允许使用的药剂品种。主要种类有：

1. 植物源杀虫、杀菌素

包括除虫菊素、鱼藤酮、烟碱、苦参碱、植物油、印楝素、苦楝素、川楝素、茼蒿素、松脂合剂、芝麻素等。

2. 矿物源杀虫、杀菌剂

包括石硫合剂、波尔多液、机油乳剂、柴油乳剂、石悬剂、硫黄粉、草木灰、腐必清等。

3. 微生物源杀虫、杀菌剂

如 Bt 乳剂、白僵菌、阿维菌素、中生菌素、多氧霉素和农抗120等。

4. 昆虫生长调节剂

如灭幼脲、除虫脲、卡死克、性诱剂等。

5. 低毒低残留化学农药

（1）主要杀菌剂有5%菌毒清水剂、80%喷克可湿性粉剂、80%大生 M-45 可湿性粉剂、70%甲基硫菌灵可湿性粉剂、50%多菌灵可湿性粉剂、40%氟硅唑乳油、1%中生菌素水剂、70%代森锰锌可湿性粉剂、70%乙膦铝锰锌可湿性粉剂、834康复剂、15%三唑酮乳油、75%百菌清可湿性粉剂、50%异菌脲可湿性粉剂等。

（2）主要杀虫杀螨剂有1%阿维菌素乳油、10%吡虫啉可湿性粉剂、25%灭幼脲3号悬浮剂、50%辛脲乳油、50%蛾螨灵乳油、20%杀铃脲悬浮剂、50%马拉硫磷乳油、50%辛硫磷乳油、5%尼索朗乳油、20%螨死净悬浮剂、15%哒螨灵乳油、40%蚜灭多乳油、99.1%加德士敌虫乳油、5%卡死克乳油、25%噻嗪酮可湿性粉剂、25%抑太保乳油等。

允许使用的化学合成农药每种每年最多使用2次，最后一次施药距安全采收间隔期应在20天以上。

（二）限制使用的部分农药品种及使用要求

限制使用的化学合成农药品种主要有48%哒嗪硫磷乳油、50%抗蚜威可湿性粉剂、25%辟蚜雾水分散粒剂、2.5%三氟氯氰菊酯乳油、20%甲氰菊酯乳油、30%桃小灵乳油、80%敌敌畏乳油、50%杀螟硫磷乳油、10%歼灭乳油、2.5%

溴氰菊酯乳油、20%氰戊菊酯乳油、40%乐果乳油等。

无公害果品生产中限制使用的农药品种，每年最多使用1次，施药距安全采收间隔期应在30天以上。

（三）禁止使用的农药

在无公害果品生产中，禁止使用剧毒、高毒、高残留、致癌、致畸、致突变和具有慢性毒性的农药，主要包括：

有机磷类杀虫剂：甲拌磷、乙拌磷、久效磷、对硫磷、甲基对硫磷、甲胺磷、甲基异柳磷、特丁硫磷、甲基硫环磷、治螟磷、内吸磷、氧化乐果、磷胺、灭线磷、硫环磷、蝇毒磷、地虫硫磷、氯唑磷、苯线磷、水胺硫磷。

氨基甲酸酯类杀虫剂：克百威、涕灭威、灭多威。

二甲基甲脒类杀虫剂：杀虫脒。

取代苯类杀虫剂：五氯硝基苯、五氯苯甲醇。

有机氯杀虫剂：滴滴涕、六六六、毒杀芬、二溴氯丙烷、林丹。

有机氯杀螨剂：三氯杀螨醇、克螨特。

砷类杀虫、杀菌剂：福美胂、甲基砷酸锌、甲基砷酸铁铵、福美甲、砷酸钙、砷酸铅。

氟制类杀菌剂：氟化钠、氟化钙、氟乙酰胺、氟铝酸钠、氟硅酸钠、氟乙酸钠。

有机锡杀菌剂：三苯基醋酸锡、三苯基氯化锡。

有机汞杀菌剂：氯化乙基汞（西力生）、醋酸苯汞（赛力散）。

二苯醚类除草剂：除草醚、草枯醚。

以及国家规定无公害果品生产禁止使用的其他农药。

（四）无公害果品生产中允许和禁止使用的天然植物生长调节剂及使用要求

允许使用的植物生长调节剂及使用要求：如赤霉素类、细胞分裂素类（如苄基腺嘌呤[BA]、玉米素等），要求每年最多使用一次，施药距安全采收期间隔应在20天以上。也可使用能够延缓生长、促进成花、改善树体结构、提高果实品质及产量的其他生长调节物质，如乙烯利、矮壮素等。

禁止使用污染环境及危害人体健康的植物生长调节剂。如比久（B9）、萘乙酸、2，4-二氯苯氧乙酸（2,4-滴）等。

（五）科学合理使用农药

1. 对症施药

根据田间的病虫害种类和发生情况选择农药，防治病虫害以保护性杀菌剂为基础。

2. 适时施药

根据预测预报和病虫害的发生规律，确定使用药剂的最佳时期。

3. 使用农药要喷布均匀周到

选择合适的药械和使用方法，保证使用的农药准确、均匀、到位。

4. 严格按照农药的使用剂量使用农药

同一种类的允许使用的药剂、一个生长周期：一般保护性杀菌剂可以使用3~5次；具有内吸性和渗透作用的农药可以使用1~2次，最好只使用1次；杀虫剂可以使用1~2次，最好使用1次。

5. 严格按农药的安全间隔期使用农药

允许使用的农药品种，禁止在采收前20天内使用。限制使用的农药禁止在采收前30天内使用。如果出现特殊情况，需要在采收前安全间隔期内使用农药，必须在植物保护专家指导下采取措施，确保食品安全。

6. 严格对使用农药的安全管理

每一个生产者，必须对果园中使用农药的时间、农药名称、使用剂量等进行严格、准确的记录。

7. 严禁使用未经国家有关部门核准登记的农药化合物

8. 其他情况按国家标准《农药合理使用准则》GB/T8321（所有部分）规定执行

02 病虫害无害化综合防治

（一）病虫害防治的基本原则

病虫无公害防治的基本原则是综合利用农业的、生物的、物理的防治措施，创造不利于病虫害发生而有利于各类自然天敌繁衍的生态环境，通过生态技术控制病虫害的发生。优先采用农业防治措施，本着"防重于治""农业防治为主、化学防治为辅"的无公害防治原则，选择合适的可抑制病虫害发生的耕作栽培技术，平衡施肥、深翻晒土、清洁果园等一系列措施控制病虫害的发生。尽量利用灯光、色彩、性诱剂等诱杀害虫，采用机械和人工以及热消毒、隔离、色素引诱等物理措施防治病虫害。病虫害一旦发生，需采用化学方法进行防治时，注意严禁使用国家明令禁止使用的农药、果树上不得使用的农药，并尽量选择低毒低残留、植物源、生物源、矿物源农药。

（二）病虫害防治的基本措施

1. 农业防治

农业防治是根据农业生态环境与病虫发生的关系，通过改善和改变生态环境，调整品种布局，充分应用品种抗病、抗虫性以及一系列的栽培管理技术，有目的地改变果园生态系统中的某些因素，使之不利于病虫害的流行和发生，达到控制病虫危害，减轻灾害程度，获得优质、安全的果品的目的。农业防治方法是果园生产管理中的重要部分，不受环境、条件、技术的限制，虽不如化学防治那样能够直接、迅速地杀死病虫，却可以长期控制病虫害的发生，大幅度减少化学药剂的使用量，有利于果园长期的可持续发展。

（1）植物检疫。植物检疫是贯彻"预防为主、综合防治"的重要措施之一，即凡是从外地引进或调出的苗木、种子、接穗、果品等，都应进行严格检疫，防止危险性病虫害的扩散。

（2）清理果园，减少病源。果园中多数病虫在病枝或残留在园中的病叶、病果上越冬、越夏，及时清理果园，可以破坏病虫越冬的潜藏场所和条件，有效地减少病害侵染源，降低害虫发生基数，可以很好地预防病害的流行和虫害的发生。秋季或早春清扫枯枝落叶，集中高温堆沤，可消灭其中越冬病菌和害虫。结合修剪，剪除病虫枝条、病芽，摘除病虫果、叶，剪除病虫枝条可以有效地防治天牛类、刺蛾类、食心虫、介壳虫等。对于病虫株残体和落在地面上的病虫果，应及时清除并高温堆沤或深埋，可以大大减少病虫的传播与危害。此外，及时清除田间杂草，不但减少杂草种子在果园的残留，亦可以大大减少害虫寄生的机会。

（3）合理整形修剪，改善果园通风透光条件。果园在密闭条件下病虫害发生严重，过于茂盛的枝叶常成为小型昆虫繁衍的有利场所。合理整形修剪，使树体枝组分布均匀，改善了树冠内通风透光条件，可以有效地控制病虫害的发生。

（4）科学施肥，合理灌溉。加强肥、水管理对提高树体抵抗病虫害能力有明显的效果，特别是对具有潜伏侵染特点的病害和具有刺吸口器害虫的抵抗作用尤其明显。施肥种类及用量与病虫害发生有密切关系，不要过量施用氮肥，避免引起枝叶徒长，树冠内郁闭，而诱发病虫发生。厩肥堆积过多，常成为蝇、蚊、蛴螬等土栖昆虫的栖息繁殖场所。因此，提倡配方施肥、平衡施肥、多施充分腐熟的有机肥、增施磷钾肥，以提高植株抗性，增强土壤通透性，改善土壤微生物群落，提高有益微生物的生存数量，并保证根系发育健壮。此外，减少氮肥，增施磷钾肥，能增强树体对病害侵染的抵抗力。

果园湿度过大，易导致真菌类病害疫情的发生，湿度越大病害越重。而果树生长中后期灌水过多，易使果树贪青徒长，枝条发育不充实，冬季抵抗冻害的能力差。因此，果园浇水应尽量避免大水漫灌，以免造成园内湿度过大，诱发病害发生，宜尽量采用滴灌等节水措施。利用滴灌技术、覆盖地膜技术可以有效地控制园内空气湿度，防止病害的发生。遇大雨后应及时排水，避免影响果树生长和降低抵抗病虫害能力。

（5）刮树皮，刮涂伤口，树干涂白。危害果树的多种害虫的卵、蛹、幼虫、成虫，以及多种病菌孢子隐居在树体的粗翘皮裂缝里休眠越冬，而病虫越冬基数与来年危害程度密切相关，应刮除枝、干上的粗皮、翘皮和病疤，铲除腐烂病、干腐病等枝干病害的菌源，同时还可以促进老树更新生长。刮皮一般以入冬时节或第二年早春2月间进行，不宜过早或过晚，以防止树体遭受冻害以及失去除虫治病的作用。幼龄树要轻刮，老龄树可重刮。操作动作要轻，防止刮伤嫩皮及木质部，影响树势。一般以彻底刮去粗皮、翘皮，不伤及白颜色的活皮为限。刮皮后，皮层集中烧毁或深埋，然后用石灰水涂白剂，在主干和大枝伤口处进行涂白，既可以杀死潜藏在树皮下的病虫，还可以保护树体不受冻害。石灰涂白剂的配制材料和比例：生石灰10千克，食盐150～200克，面粉400～500克，加清水40～50千克，充分溶化搅拌后刷在树干伤口处，以不流淌、不起疙瘩为度。由虫伤或机械伤引起的伤口，是最容易感染病菌和害虫喜欢栖息的地方，应将腐皮朽木刮除，用刀削平伤口后，涂上5波美度石硫合剂或波尔多液消毒，促进伤口早日愈合。

（6）刨树盘。刨树盘是果树管理的一项常用措施，该措施既可起到疏松土壤、促进果树根系生长作用，还可将地表的枯枝落叶翻于地下，把土中越冬的害虫翻于地表。

（7）树干绑缚草绳，诱杀多种害虫。不少害虫喜在主干翘皮、草丛、落叶中越冬，利用这一习性，于果实采收后在主干分枝以下绑缚3～5圈松散的草绳，诱集消灭害虫。草绳可用稻草或谷草、棉秆皮拧成，绑缚要松散，以利于害虫潜入。

（8）人工捕虫。许多害虫有群集和假死的习性，如多种金龟子有假死性和群集危害的特点，可以利用害虫的这些习性进行人工捕捉。再如黑蝉若虫可食，在若虫出土季节，可以发动群众捕而食之。

（9）园内种植诱集作物，诱集害虫集中危害而消灭。利用桃蛀螟、桃小食心虫对玉米、高粱趋性更强的特性，园内种植玉米、高粱等，诱其集中危害而消灭。

（10）园内放养鸡、鸭等家禽，啄食害虫，减轻危害。

2. 物理防治

是根据害虫的习性而采取防治害虫方法。

（1）灯光诱杀（图5-1-1，图5-1-2）。①黑光灯诱杀。常用20瓦或40瓦黑光灯管做光源，在灯管下接一个水盆或一个广口瓶，瓶中放些毒药，以杀死掉落的害虫。此法可诱杀晚间出来活动的害虫，如桃蛀螟、黄刺蛾、茎窗蛾成虫等。②频振式杀虫灯。利用大多数害虫晚上有趋光的特性，运用光、波、色、味4种诱杀方式杀死害虫，它的主要元件是频振灯管和高压电网，频振灯管能产生特定频率的光波，引诱害虫靠近，高压电网缠绕在灯管周围能将飞来的害虫杀死或击昏，即近距离用光，远距离用波、黄色光源、性信息等原理设计的杀虫灯，以达到防治害虫的目的。

频振式杀虫灯使用方法：可利用路两旁的电线杆或吊挂在牢固的物体上。灯间距离180~200米，离地面高度1.5~1.8米，呈棋盘式分布，挂灯时间为5月初至10月下旬。接通电源，按下开关，指示灯亮即进入工作状态。

（2）糖醋液诱杀。许多成虫对糖醋液有趋性，因此，可利用该习性进行诱杀。方法是在成虫发生的季节，将糖醋液盛在水碗或水罐内制成诱捕器，将其挂在树上，每天或隔天清除死虫。糖醋液的制备方法：酒、水、糖、醋按1：2：3：4的比例，放入盆中，盆中放几滴农药，并不断补足糖醋液。

（3）黏虫板诱杀害虫（图5-2-1）。利用昆虫的趋黄性诱杀害虫，可防治潜蝇成虫、粉虱、蚜虫、叶蝉、蓟马等小型昆虫；而蓝色板诱杀叶蝉效果更好，配以性诱剂可扑杀多种害虫的成虫。

黏虫板制作方法：购买黏虫纸，或用柠檬黄色塑料板、木板、硬纸箱板等材料，大小约20厘米×30厘米，先在板两面涂抹柠檬黄色油漆后，再均匀涂上一层黏虫胶或黄油、机油即可。

挂板方法及时间：于4月初至10月下旬挂板。田间用竹（木）细棍支撑固定，每亩均匀插挂20块黄板，呈棋盘式分布，高度比植株稍高，太高或太低效果均较差。当纸或板上粘虫面积占板表面积的60%以上时更换，板上胶不黏时及时更换。为保证自制黄板的黏着性，需1周左右重新涂1次。悬挂方向以板面东西方向为宜。

（4）树干缠粘虫带。利用害虫在树干上爬行，上树为害、下树栖息或化蛹等习性，在树干上缠普通塑料带或缠上涂有粘虫胶、黄油、机油的塑料胶带，设置阻截障碍，达到杀灭害虫的目的，对防治尺蠖类害虫及一些频繁上下树的害虫防治效果很好，减少了用药，又避免了对人、益虫、鸟类、环境造成的危害和污染（图5-3-1至图5-3-3）。

（5）涂捕虫圈（图5-4-1）。用捕虫胶在树干与树杈交界处，涂一圈，宽3~4厘米，捕杀天牛效果好：天牛产卵前在树的枝干多次来回爬行找适宜产卵的地方。一般选择斜看向上光滑部位，用嘴扒开树皮长约1.5厘米、宽约0.8厘米的小穴，将一粒卵产入，再用树皮盖住，产一粒卵换一个地方。在树干上涂几道捕虫圈，捕杀天牛的效率非常高，将天牛等害虫消灭在产卵之前，使林果类树体少受危害。

（6）高浓度虫胶、黏鼠板捕鼠。鼠害重的果园在老鼠经常出没走道上，放置黏鼠板或摊一小块高浓度虫胶，又不引起老鼠注意。老鼠通过时踩上就被粘住。

（7）防虫网（图5-5-1）。通过覆盖在棚架上的防虫网，构建人工隔离屏障，将害虫拒之网外，切断害虫传播途径，有效控制被保护地各类害虫的发生危害和与害虫传播有关的病害发生，减少了果园化学农药的施用，并具有抵御暴风、雨冲刷和冰雹侵袭等自然灾害的功能，是一种简便、科学、有效的防虫、防病措施。防虫网的孔径，以20~32目为宜，好的防虫网，正确使用和保管可利用3~5年。

（8）性外激素诱杀（图5-6-1，图5-6-2）。昆虫性外激素是由雌成虫分泌的用以招引雄成虫来交配的一类化学物质。通过人工模拟其化学结构合成的昆虫性外激素已经进入商品化生产阶段。性外激素已明确的果树害虫种类有30多种。目前国内外应用的性外激素捕获器类型有5大类20多种。如黏着型、捕获型、杀虫剂型、电击型和水盘型。我国在果树害虫防治上已经应用的有桃蛀螟、桃小食心虫、桃潜蛾、梨小食心虫、苹果小卷叶蛾、苹果褐卷叶蛾、梨大食心虫、金纹细蛾等昆虫的性外激素。捕获器的选择要根据害虫种类、虫体大小、气象因素等，确定捕获器放置的地点、高度和用量。①利用性外激素诱杀。在果园放置一定数量的性外激素诱捕器，能够诱捕到雄成虫，导致雌、雄成虫的比例失调，减少了自然界雌、雄虫交配的机会，从而达到治虫的目的。②干扰交配（成虫迷向）。在果园内悬挂一定数量的害虫性外激素诱捕器诱芯，作为性外激素散发器。这种散发器不断地将昆虫的性外激素释放到田间，使雄成虫寻找雌成虫的联络信息发生混乱，从而失去交配的机会。在果园的试验结果表明，在每亩内栽植110棵果树的情况下，每棵树上挂3~5个桃小食心虫性外激素诱芯，能起到干扰成虫交配的作用。打破害虫的生殖规律，使大量的雌成虫不能产下受精卵，从而极大地降低幼虫数量。

（9）水喷法防治。在果树休眠期（11月中下旬）用压力喷水泵喷枝干，喷到流水程度，可以消灭在枝干上越冬的介壳虫。

（10）果实套袋（图5-7-1至图5-7-3）。果实套袋栽培是近几年我国推广的优质果品技术。果实套袋后，既能增加果实着色、提高果面光洁度、减少裂果，还能防止病菌和害虫直接侵染果实，减少农药在果品中的残留。目前国内用于果实套袋用袋按材质分主要有塑料薄膜袋、白色木浆纸袋、无纺布袋、双层纸袋等。

3. 生物防治

运用有益生物防治果树病虫害的方法称为生物防治法。生物防治是进行无公害果品生产、有效防治病虫害的重要措施。在果园自然环境中有数百种有益天敌昆虫资源和能促使果树害虫致病的病毒、真菌、细菌等微生物。保护和利用这些有益生物，是果品病虫无公害防治的重要手段。生物防治的特点是不污染环境，对人、畜安全无害，无农药残留，符合果品无公害生产的目标，应用前景广阔。但该技术难度较大，研究和开发水平较低，目前应用于防治实践的有效方法还较少。各果园可以因地制宜，选择适合自己的生物防治方法，并与其他防治方法相结合，采取综合治理的原则防治病虫害。

（1）利用寄生性天敌昆虫防治虫害（图5-8-1）。寄生性昆虫活动特点，是以雌成虫产卵于寄主体内或体外，以幼虫取食寄主的体液摄取营养，从而导致寄主（害虫）死亡。而它的成虫则以花粉、花蜜等为食或不取食。除了成虫以外，其他虫态均不能离开寄主而独立生活。果园害虫天敌主要有：寄生卷叶虫的中国齿腿姬蜂、卷叶蛾瘤姬蜂、卷叶蛾绒茧蜂；寄生梨小食心虫的梨小蛾姬蜂、梨小食心虫聚瘤姬蜂；寄生潜叶蛾、刺蛾的刺蛾紫姬蜂、刺蛾白跗姬蜂、潜叶蛾姬小食蜂等寄生蜂类。寄生鳞翅目害虫幼虫和蛹的寄生蝇类，如寄生梨小食心虫的稻苞虫赛寄蝇、日本追寄蝇；寄生天幕毛虫的天幕毛虫追寄蝇、普通怯寄蝇等。

（2）利用捕食性天敌昆虫防治害虫。捕食性天敌昆虫靠直接取食猎物或刺吸猎物体液来杀死害虫，致死速度比寄生性天敌快得多。如捕食叶螨类的深点食螨瓢虫、腹管食螨瓢虫、大草蛉、中华通草蛉、食蚜瘿蚁等；捕食蚜虫的七星瓢虫；捕食介壳虫的黑缘红瓢虫、红点唇瓢虫等。此外，还有螳螂、食蚜蝇、食虫椿象、胡蜂、蜘蛛等多种捕食性天敌，抑制害虫的作用非常明显。

（3）利用食虫鸟类防治害虫。鸟类在农林生物多样性中占有重要地位，它与害虫形成相互制约的密切关系，是害虫天敌的重要类群。我国以昆虫为主要食料的鸟有600多种，如大山雀、大杜鹃、大斑啄木鸟、灰喜鹊、家燕、黄鹂等主要或全部以昆虫为食物，对控制害虫种群作用很大。

（4）利用病原微生物防治病虫害。①利用病原微生物防治害虫。在自然界中，有一些病原微生物，如细菌、真菌、病毒、线虫等，在条件合适时能引发害虫流行病，致使害虫大量死亡。利用病原微生物防治虫害主要有细菌、真菌、病毒三大类制剂。②利用病原微生物防治病害。主要是利用某些真菌、细菌和放线菌对病原菌的杀灭作用防治病害。方法是直接把人工培养的抗病菌施入土壤或喷洒在植物表面，控制病菌发育。目前国外已制成对部分病原微生物有抑制作用的微生物产品，如美国生产的防治根癌病的放射性土壤杆菌菌系K84，应用效果显著。国内也已分离了一些菌株。在土壤中多施用有机肥，促进多种天然存在的抗生菌的大量繁殖，可有效防治果树根系病害，也是利用病原微生物防治病害的可行措施。

目前国内应用病原微生物防治病虫害的制剂主要有苏云金杆菌、白僵菌制剂、病原线虫。

（5）利用昆虫激素防治害虫。对危害相对简单的关键害虫，以及对世代较长、单食性、迁移性小、有抗药性、蛀茎蛀果害虫更为有效。昆虫激素主要有保幼激素、蜕皮激素、性信息激素三大类。其杀虫机理是使害虫生长发育异常而死亡。利用性外激素不仅可以诱杀成虫、干扰交配，还可根据诱虫时间和诱虫量指导害虫防治，提高防效。

4. 化学防治

使用化学药剂防治病虫害具有作用迅速、见效快、方法简便的特点，在现阶段果品生产中仍具有不可替代的作用。然而化学药剂的长期使用，存在着引起害虫抗性、污染环境、减少物种多样性、在果品中残留有危害人体健康有毒物质等多方面的副作用。尤其随着人民生活水平的提高，消费者越来越注重食品安全问题，如何科学合理、正确的使用化学药剂，生产无公害果品日益受到重视。

无公害果品生产并非完全禁止使用化学药剂，使用时应当遵守有关无公害果品生产操作规程和农药使用标准，合理选择农药种类，正确掌握用药量。加强病虫测报工作，经常调查病虫发生情况，选择有利时机适时用药。选择对人、畜安全、不伤害天敌、不污染环境、同时又可以有效杀死有害病虫的农药品种。严禁使用一切汞制剂农药以及其他高毒、高残留、致畸、致癌、致残农药，严禁使用未取得国家农药管理部门登记和没有生产许可证的农药。

参考文献

1. 王守正. 河南省经济植物病害志[M]. 郑州:河南科学技术出版社,1994.

2. 吕佩珂,等. 中国果树病虫原色图谱[M]. 2版. 北京:华夏出版社,2002.

3. 北京农业大学. 果树昆虫学:下册[M]. 北京:农业出版社,1981.

4. 冯明祥. 无公害果园农药使用指南[M]. 北京:金盾出版社,2004.

5. 中国林业科学院. 中国森林昆虫[M]. 北京:中国林业出版社,1980.

6. 邱强. 中国果树病虫原色图鉴[M]. 郑州:河南科学技术出版社,2004.

7. 中国农业科学院果树研究所. 中国果树病虫志[M]. 北京:农业出版社,1960.

8. 冯明祥,王国平. 桃杏李樱桃病虫害诊断与防治原色图谱[M]. 北京:金盾出版社,2004.